U0281721

液封提拉法晶体生长热毛细对流稳定性研究

莫东鸣 著

重庆大学出版社

内容提要

本书介绍了液封提拉法生长晶体技术的特点及研究现状、蓝宝石单晶生长技术的现代趋势和应用进展,重点讨论了基于液封提拉法制备蓝宝石晶体、硅单晶的热毛细对流的线性稳定性分析方法,给出了微重力条件下、常重力条件下,5cSt 硅油/HT-70、B_2O_3/蓝宝石熔体工质对在上部为自由表面的热毛细对流、上部为自由表面的浮力-热毛细对流、上部为固壁的热毛细对流、上部为固壁的浮力-热毛细对流的流动特性、失稳临界条件,以及流动失稳后的耗散结构,探讨了环形双液层的流动失稳机理。

适用对象:大专院校、科研院所的师生。

图书在版编目(CIP)数据

液封提拉法晶体生长热毛细对流稳定性研究 / 莫东鸣著. -- 重庆:重庆大学出版社,2022.8
ISBN 978-7-5689-3536-4

Ⅰ.①液… Ⅱ.①莫… Ⅲ.①晶体生长—研究 Ⅳ.①O78

中国版本图书馆 CIP 数据核字(2022)第 156742 号

液封提拉法晶体生长热毛细对流稳定性研究
YEFENG TILAFA JINGTI SHENGZHANG RE MAOXI DUILIU WENDINGXING YANJIU
莫东鸣 著
策划编辑:范 琪
责任编辑:陈 力　　版式设计:范 琪
责任校对:姜 凤　　责任印制:张 策
*
重庆大学出版社出版发行
出版人:饶帮华
社址:重庆市沙坪坝区大学城西路 21 号
邮编:401331
电话:(023) 88617190　88617185(中小学)
传真:(023) 88617186　88617166
网址:http://www.cqup.com.cn
邮箱:fxk@cqup.com.cn(营销中心)
全国新华书店经销
重庆升光电力印务有限公司印刷
*
开本:720mm×1020mm　1/16　印张:8.75　字数:126 千
2022 年 8 月第 1 版　2022 年 8 月第 1 次印刷
ISBN 978-7-5689-3536-4　定价:68.00 元

前　言

　　Czochralski 法是工程上最常用的晶体生长方法之一,在这种生长方法中,坩埚内的熔体流动及其稳定性将直接影响晶体生长质量和晶体尺寸。液封 Czochralski 生长技术能有效地抑制熔体内的热毛细对流,提高晶体生长质量。但是,目前对该生长技术中涉及的环形双液层系统的热对流过程的基本特征、流动失稳临界条件、物性参数及几何参数对流动稳定性的影响,以及流动失稳之后的流动形式的研究还非常缺乏。尤其是对工业生产环境中对应的 B_2O_3/蓝宝石熔体工质对的流动稳定性、失稳形式的研究还缺乏了解。

　　本书介绍了液封提拉法生长晶体技术的特点及研究现状、蓝宝石单晶生长技术的现代趋势和应用进展,重点讨论了基于液封提拉法制备蓝宝石晶体、硅单晶的热毛细对流的线性稳定性分析方法,给出了微重力条件下、常重力条件下、5cSt 硅油/HT-70、B_2O_3/蓝宝石熔体工质对在上部为自由表面的热毛细对流、上部为自由表面的浮力-热毛细对流、上部为固壁的热毛细对流、上部为固壁的浮力-热毛细对流的流动特性、失稳临界条件、流动失稳后的耗散结构,探讨了环形双液层流动失稳机理。

　　首先,本书以隐式重启动 Arnoldi 法为基础,引入液封提拉法晶体生长过程,解决热毛细对流稳定性中的复广义特征值问题,针对液封提拉法蓝宝石晶体、硅单晶的环形双液层流体的热对流进行线性稳定性分析,得到了各种条件下的边际稳定性曲线,确定了流动转变的临界 Marangoni 数(以下简称"Ma数")、临界波数、临界相速度随各参数的变化规律,获取了失稳后的流动结构及特征参数。

　　其次,计算与分析了上部为固壁与上部为自由表面条件时,常重力和微重力条件下,环形双液层 B_2O_3/蓝宝石熔体与 5cSt 硅油/HT-70 的热对流稳定性的差异,探讨了双液层热毛细对流流动失稳机制。

最后,拓展了双液层系统研究的工质对,确定了环形液池内双液层内 5cSt/5cSt 硅油 HT-70、水/Fc-75、0.65cSt 硅油/水、B_2O_3/Al_2O_3 4 种工质对热毛细对流失稳的临界 Ma 数、临界波数和临界相速度,并预测了它们在临界 Ma 数的液-液界面温度波动形式,计算了上液层与下液层流体的 Pr 比值为 0.164 ~ 5.417 时工质对流动稳定性,结果预测了它们的 4 种流动失稳形式,即轮辐状的几乎占据了整个液层的"轮辐波"、轮辐状的热流体波与同波数共同旋向的靠热壁处流胞、径向流动的三维稳态流动、靠热壁处的短小的"边沿波"。结果发现:随着上、下液层 Pr 比值的增大,环形双液层流体的流动稳定性以上、下液层 Pr 比值 0.75 为分界线呈分段上升趋势。上、下液层 Pr 比值约为 0.75 时,双液层流体的稳定性最差,此时易出现流动分岔现象。为了获得更好的系统流动稳定性,提高生长晶体的质量,在选择双液层工质对时,应选择上、下液层 Pr 比值较大的工质对。

本书由重庆市基础研究与前沿探索专项项目"液封提拉法生长蓝宝石晶体的对流稳定性及其失稳机理(cstc2018jcyjAX0597)"、重庆市教委科学技术研究项目"液封提拉法晶体生长中双层流体复杂流动结构及其稳定性研究(KJQN201803201)"、重庆市高校创新研究群体项目"晶体生长及其制备"资助。此外,本书的出版还得到重庆大学动力学院李友荣教授的大力支持,在此一并表示衷心的感谢。

限于作者的学识水平,书中疏漏之处在所难免,恳请读者批评指正。

编　者

2021 年 12 月

主要符号表

英文字母

g　重力加速度,m/s^2

Gr　Grashof 数,$Gr = \beta_1 g (T_h - T_c)(r_o - r_i)^3 / \nu_1^2$

h　双液层总厚度,m

h_1　下液层厚度,m

h_2　上液层厚度,m

Ma　Marangoni 数

p　压力,Pa

P　无量纲压力

Pr　Prandtl 数,$Pr = \nu / \alpha$

r　径向坐标,m

R　无量纲径向坐标

Re　Reynolds 数

T　温度,℃

ΔT　内外壁温差,℃

t　时间,s

u　径向速度,m/s

U　无量纲径向速度

v　周向速度,m/s

V　无量纲周向速度

w　轴向速度,m/s

W　无量纲轴向速度

z　轴向坐标,m

Z　无量纲轴向坐标

希腊字母

α　热扩散率,m^2/s

β　体积膨胀系数,1/K

γ_T　表面张力温度系数,N/(m·K)

$\gamma_{T1\text{-}2}$　界面张力温度系数,N/(m·K)

Γ　液池半径比

ε　下层液体厚度与双液层总厚度比

η　液池深宽比

λ　热导率,W/(m·K)

μ　动力黏性系数,kg/(m·s)

ν　运动黏性系数,m^2/s

ω　symbol 中的热流体波相速度

θ　角坐标

ρ　密度,kg/m^3

σ　表面张力,N/m

τ　无量纲时间

ψ　流函数,m^3/s

Θ　无量纲温度　　　　　　　　　　Ψ　无量纲流函数

ϕ　热流体波运动方向与逆向温度梯度方向角

下标

1　下层流体　　　　　　　　　　i　内壁面或第 i 层流体

2　上层流体　　　　　　　　　　j　径向节点

c　冷壁　　　　　　　　　　　　k　轴向节点

cri　临界值　　　　　　　　　　o　外壁面

h　热壁

上标

⁻　基本定态解　　　　　　　　　′　扰动量

*　液体 1 和液体 2 的物性比

目 录

第1章 绪 论

1.1 引 言

近几十年来,随着空间技术、生物技术、材料制备技术、能源环境技术的发展,人们对零重力或微重力环境下物质平衡及运动规律的研究日益增多,热流体科学领域的科学家们对此领域的探索,形成了一个力学、物理学、材料科学和生物学的新兴交叉学科,即微重力科学[1]。微重力科学主要是研究流体介质或与流体介质密切相关的相变等过程在微重力环境中的运动规律。微重力科学主要包括微重力流体物理(自然对流、多相流、复杂流体)、微重力燃烧、空间材料科学、空间生物技术和空间基础物理等领域。远离地球的太空环境,即距离地球为地球半径的 1 000 倍的空间就是一种微重力环境。除此之外,地球表面的自由落体的系统里,或是利用水的浮力消除重力效应的"水池"的实验环境,也可以造成微重力环境。目前,还有两种不完整的地面模拟方法正在发展:一个是磁悬浮;另一个是生物回转器。但是,这两种方法都不能完整地模拟真实的微重力环境。在实验前,必须仔细分析实验的目的和需求,考虑是否可采用磁悬浮和生物回转器来模拟微重力的环境[2]。借用微重力环境,人类可以进行地面工程实际过程难以进行的科学实验和工程应用,进行新材料和药物的生产、生命科学和生物技术的探索。

通过在微重力环境进行的研究和分析,人们发现,当地球重力产生的浮力、沉淀、压力梯度等过程基本消失时,那些曾经被重力作用所掩盖的物理现象及物理本质将更为充分地暴露出来,这就为微重力科学各学科领域的发展创造了极好的机遇,孕育了学术的重大突破。其中,受到微重力影响后,流体将会改变其运动规律。当流体成分、边界条件变得复杂时,其在微重力下的运动规律就成为人们研究的目标,如由界面张力梯度驱动的热毛细对流即是一个备受关注的课题。特别是近半个世纪以来,先进的落塔设备、微重力飞机,以及微重力气球和探空火箭的应用,大大促进了这个领域的发展[3]。例如,2016 年 4 月 15 日,在酒泉卫星发射中心由长征二号丁运载火箭成功发射升空的"实践十号"卫星,是我国首颗微重力科学和空间生命科学实验卫星。在这颗专门进行微重力科学和空间生命科学空间实验的返回式科学实验卫星上,一共完成了 19 个科学实验任务,涉及 28 项科学实验。又如,2016 年 9 月发射至 2019 年 7 月 19 日返回地球的"天宫二号",共搭载 14 项应用载荷,共开展了 60 余项空间科学实验和技术试验。在"天宫二号"上,我国首次开展了空间微重力条件下的热毛细对流实验,研究了在空间微重力环境下热毛细对流的失稳机理问题,拓展了流体力学的认知领域,取得了具有国际先进水平的研究成果,使我国突破并掌握了微重力环境下的液桥建桥、液面保持和失稳重建等空间实验关键技术,进一步提升了我国微重力流体科学的空间实验能力和技术水平。实验的主要成果还包括,生长出了高质量的材料晶体,验证了新的材料制备工艺,获得了多项材料科学实验新发现。在重要功能晶体等材料方面,空间制备的样品性能得到明显提升或微观组织结构得到改进。

以上例子说明,随着空间实验条件的提升和科技的发展,高质量晶体材料和复合材料的太空制备已成为现实,避免了空间重力的影响,可以克服单晶体生长中的偏析现象、提高材料的均匀性、减小了晶体的生长条纹。然而,在重力的影响被大大削弱的同时,表面张力的作用却又明显地显现出来。表面张力梯度驱动的热毛细对流是影响晶体质量的重要因素。热毛细对流将改变界面前沿的温度梯度和浓度梯度,从而影响着固/液界面的推移和杂质在熔体中的分布,还将导致晶体中化学组分的变化。今天的大规模晶体生长工业是在地面进行,在恒重力环境中,熔体同时被加热,毛细力和浮力驱动熔体作复杂运动。如果熔体运动不稳定,晶体生长的均匀性就会受到破坏[4]。

　　为了抑制自由界面表面张力梯度引起的热毛细对流,防止晶体生长过程中可挥发性成分的挥发、改善结晶过程中的传热条件,20 世纪末,在晶体生长领域中,发展出了液封生长晶体技术。液封技术,是在熔体自由表面上覆盖一层与熔体不相混溶的、无化学反应的流体,通过自由表面和液-液界面的相互抑制,在一定的条件下可以减弱熔体主流区的热毛细对流。两层流体界面处的热耦合和力耦合的存在,使得双层流体系统内的热对流过程变得非常复杂[5]。20 世纪末至 21 世纪初,国内外学者主要对垂直温度梯度双液层系统的热毛细对流进行了研究[6-16],但对更为复杂的水平温度梯度作用下的双层流体系统热毛细对流特征及稳定性的研究还较为缺乏[17-23]。并且,对水平温度梯度作用下的双液层系统,大多数研究主要集中于矩形腔,对环形双液层系统的研究相对较少。本书从液封提拉法生长晶体技术的特点及研究现状、蓝宝石单晶生长技术的现代趋势和应用进展出发,介绍了基于液封提拉法制备蓝宝石晶体、硅单晶的热毛细对流的线性稳定性分析方法,研究了微重力条件下、常重力条件下,5cSt 硅油/HT-70、B_2O_3/蓝宝石熔体工质对在上部为自由表面的热毛细对流、上部为自由表面的浮力-热毛细对流、上部为固壁的热毛细对流、上部为固壁的浮力-热毛细对流的流动特性、失稳临界条件、流动失稳后的耗散结构,探讨了环形双液层流动失稳机理。本书的结论可在理论上丰富和发展双层流体热对流及其稳定性理论,在实践上可为科研院所和企事业单位从事晶体生长及其制备工作的设计研发人员提供参考。

1.2　界面现象与热毛细对流

1.2.1　界面现象

界面现象又称为表面现象,是指发生在气、液、固三相进行排列组合而成的相界面上的各种物理及化学过程所引起的现象。在人们的日常生活和生产活动中,随处可见界面现象的存在。例如,大自然中,早晚所见到的曙光和晚霞、雨后的彩虹和光环等;日常生活中,人们所用的肥皂和洗衣粉的去污过程;工业生产中的制盐和制糖,都是典型的界面现象。界面,是指物质相与相的分界面。界面具有气-液、气-固、液-液、液-固和固-固 5 种不同的形式,当组成界面的两相中有一相为气相时,常被称为表面。

表面张力,是由液体表面层分子引力不均衡而产生的,它沿表面作用于界面。表面张力的方向与界面相切,并与界面的任何两部分垂直。表面张力是指液体增加单位表面积所需的功,又称为表面自由能。清晨凝聚在叶片上的水滴、水龙头缓缓垂下的水滴,水黾能站在水面上,都是表面张力的作用。表面张力的大小仅与液体的性质和温度有关。一般情况下,温度越高,表面张力越小。

1.2.2　热毛细对流

热毛细对流又称 Marangoni 对流,它是由界面上的表面张力梯度引起的一种流动[3]。当界面存在温度梯度时,便形成表面张力梯度,表面张力梯度超过黏滞力,使液体流动,出现热毛细对流。此现象由 Marangoni 在 1865 年发现,故称为 Marangoni 对流。热毛细对流是一种与重力无关的自然对流,在具有自由表面的液体中,沿着液体表面存在表面张力梯度,就会发生 Marangoni 对流,不需要克服什么激活势垒,很小的温度梯度就足以使之开始流动,即使在太空环境——微重力环境中也依然存在,不会因重力场的消失而消失。热毛细对流是由外加温度差引起的,是更为广泛的一类流动体系,是微重力科学中的一类典型。

如图1.1所示,当左、右两壁面分别维持恒定温度 T_h 和 T_c 时($T_h > T_c$),在两相界面处有

$$\sigma = \sigma(T), \quad \frac{d\sigma}{dT} < 0, \quad \frac{\partial T}{\partial x} < 0, \quad \frac{\partial \sigma}{\partial x} > 0 \tag{1.1}$$

其中,σ 为表面张力,为温度 T 的函数,即靠近冷壁一端表面张力大,而靠近热壁一端表面张力小,于是在主流液体区域中出现了热毛细对流。

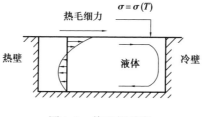

图1.1 热毛细对流

Fig. 1.1 Thermocapillary convection

1.3 晶体生长技术

晶体是由原子、离子、分子等微观物质单位按规则有序地在三维空间呈周期性重复排列的固体。其内部组成一定形式的晶格,外形上表现为一定形状的几何多面体。晶体中原子的排列是有规律的,可以从晶格中拿出一个完全能够表达晶格结构的最小单元,这个最小单元称为晶胞。由取向不同的晶粒组成的物体称为多晶体,而单晶体内所有的晶胞取向完全一致,常见的单晶如单晶硅、单晶石英。大家最常见到的一般是多晶体。

晶体生长是用一定的方法和技术,使单晶体由液态或气态结晶成长。结晶是与相变相联系的过程,它不仅包含多个物理变量,并且受到物理和力学过程

的制约,构成复杂的研究体系。晶体生长过程可以有固体-固体、熔体-固体、气相-固体、溶液-固体等不同相变过程多种形式。在这些过程中,流体的状态往往看成晶体生长过程的外场。流体的状态将遵循连续介质力学的规律,即质量守恒、动量守恒、能量守恒和组分守恒等规律[3]。

目前主要的晶体生长技术有溶液生长法、熔体生长法、气相生长法和外延生长法。熔体生长法是晶体生长技术里研究最早的生长方法之一,也是现代工业生产和科学研究中广泛采用的方法。其原理就是利用熔体的熔点温度与熔体温度之间的关系,即当结晶物质的温度高于熔点时,它就熔化为熔体,当熔体的温度低于凝固点时,熔体就会转变为结晶固体。

熔体生长法中主要有直拉法、坩埚下降法、浮区法、焰熔法等。直拉法又称丘克拉斯(Czochralski)法,简称 Cz 法。Cz 法生长方向和尺寸较易控制,且能利用缩颈、放肩的方法抑制位错等优点,适合于大尺寸晶体的批量生产[24]。提拉法晶体生长装置如图 1.2 所示,此方法在被高频感应或电阻加热的坩埚中盛装待熔融的晶料,再令带着籽晶的籽晶杆由上而下插入熔体,固-液界面附近的熔体维持一定的过冷度,于是熔体便沿籽晶结晶,并随籽晶的逐渐上升而生长成棒状单晶。半导体硅、锗、氧化物单晶如钇铝石榴石、钇镓石榴石、铌酸锂等均用此方法生长而得。坩埚下降法又称布里奇曼晶体生长法(Bridgeman-Stockbarge method,B-S 法),是一种常用的晶体生长方法。具体生长流程为:将晶体生长所需材料置于圆柱形的坩埚中,缓慢地下降,并通过一个具有一定温度梯度的加热炉,将炉温控制在略高于材料的熔点附近。根据材料的性质及加热器件可以选用电阻炉或高频炉。在通过加热区域时,坩埚中的材料被熔融,当坩埚持续下降时,坩埚底部的温度先下降到熔点以下,并开始结晶,晶体随坩埚下降而持续长大。这种方法常用于制备碱金属、碱土金属卤化物和氟化物单晶。浮区法是通过环形加热器形成局部熔区,通过材料的再凝固而形成晶体。物质的固相和液相在密度差的驱动下,物质会发生输运。通过局部熔炼可以控制或重新分配存在于原料中的可溶性杂质,能有效地消除分凝效应,并在一定程度上控制和消除位错、包裹体等结构缺陷。

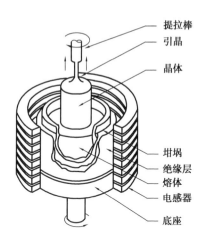

图 1.2　Czochralski 法实验装置示意图

Fig. 1.2 Schematic diagram of the Czochralski growth experiment

无论是空间微重力环境还是地面环境,无论是产生了浮力对流还是热毛细对流,一旦产生振荡对流,熔体中的流场、温度场以及浓度场都会随时间发生扰动。随时间振荡的外场将影响凝固界面处的结晶过程,导致晶体的生长不均匀而出现缺陷,在所有晶体生长过程中都应力求避免振荡对流[25]。

1.4　热毛细对流研究概况

热毛细对流研究的任何进展都是与微重力科学技术的进步分不开的,随着航天飞机、落塔和空间站等提供了比以前更为优越的微重力环境,人们可以开始进行许多在地球表面难以实施的研究。

只要有表面和界面的地方,一旦存在温度梯度,就将产生热毛细对流,而表面和界面的存在在很多情况下是不可避免的,温差更是在所难免。进一步的研究发现,即使在重力场中,热毛细对流的作用也是不容忽视的。例如,在多孔介质中,在薄膜、液体微滴及一些微结构中,当重力作用可以忽视不计时,表面张力的作用变得极为重要。以前的研究过多地归结为浮力的作用,而将热毛细力产生的效应忽略了。显然,对热毛细对流进行深入的研究,了解其内在规律,对全面准确地理解许多现象本质并将之用于工程实际是必不可少的。在这样的背景下,人们开始对之做深入、系统的研究,获得了很多有价值的研究成果。

1.4.1　实验研究

实验研究是收集直接数据,获得热毛细对流特征,探明热毛细对流失稳形式最直观的方法。由于空间实验机会少、成本较高,因此空间实验受实验条件影响较大。热毛细对流现象与其影响因素之间的关系并不能用简单公式描述,需要进行大量的地面实验,为载荷设计以及空间实验参数的选取摸索、提供科学合理的参考范围,以保证空间实验的顺利进行。

早在 1901 年,Benard[26] 在一个底部加热的水平液层中观察到被称为 Benard 涡胞的对流现象。1916 年,Rayleigh[27] 对 Benard 涡胞对流现象给予了理论分析,认为这是温度差引起的密度差而导致的流动,并用无量纲参数 Rayleigh（Ra）数作为不稳定性开始和流态发生转变的判据。其后 40 年间,没有人对 Rayleigh 的解释产生过怀疑。直到 1956 年 Block[28] 通过实验观察发现,Benard 涡胞的形成不是由浮力引起的,而是由表面张力梯度引起的。事实上,在他们的实验中,浮力和表面张力是联合起作用的。1964 年,Nield[29] 同时考虑了两种因素,发现随着液层的不断减薄,表面张力越来越起支配作用。大约在 1 mm 的厚度下,对于大多数液体而言,浮力的作用均可以忽略不计。1966 年,Smith[30] 采用稳定性分析,同时考虑毛细波和重力波的作用,得到了临界 Ma 数,低于它,系统是稳定的,此时所有扰动都将衰减而不会放大。可以看出,这些对热毛细对流的早期研究工作主要停留在对现象的认识上,并没有过多地考虑与工程实际的联系。

近几十年来,随着航天飞机和落塔等微重力实验条件的改进,人们对热毛细对流的实验取得了更为丰富的成果。1978 年,Schwabe 等[31] 在 NaNO$_3$ 浮区自由表面观察到了由热毛细力驱动的温度振荡,Chun 和 Wuest[32] 则在硅油系统的空间实验中监测到热毛细对流涡胞的速度分布。1981 年以来,随着航空技术的发展,宇航员可以用肉眼观察到并记录非等温液体中热对流运动的发生和多相系统中 Marangoni 迁移。为了验证实验结果,Smith 和 Davis[33] 对环形浅液层热毛细对流进行了线性稳定性分析。1984 年,Schwabe[34] 首次对自由平台 SPAS-1 在两个同时运行的熔体浮区中,测量了由稳态流动转变为振荡流的 Ma 数,并将微重力条件下测量所得值与之前他们在地面条件下测量的稳态流动转变为振荡流的 Ma 数进行了对比。1986 年,Limbourg 等[35] 在空间实验中,对水平温度梯度作用下液体的热对流流动进行了研究,实验中观察到两个同方向回流的涡胞,并将微重力条件观测的结果与常重力条件实验结果进行了比较。1995—1998 年,康琦[36] 对单层 Benard-Marangoni 对流作了大量的研究。采用粒子图像测速技术(PIV)获得开盖模型中液层纵剖面的速度场分布,并观测到自由表面上温度振荡现象。实验获得了临界 Ma 数和 Rayleigh 数,以及液层厚度对热毛细对流稳定性影响的变化规律。1999 年,Schatz 和 Vanhook 等[37] 在硅油的浅液层 Benard-Marangoni 对流实验中发现了液-气自由面规则的六边形涡胞向正方形涡胞结构转变的过程,而当 Ma 数继续增大,先前的正方形涡胞又变回六边形结构,但是涡胞的个数与大小发生了变化。

对环形液池,Schwabe 等在 1992—2003 年完成了常重力和微重力下环形液层内的热毛细对流实验[38-40],他们声称观察到的温度波纹为热流体波,并确定了不同液层厚度下(2.5 mm≤d≤20 mm)发生不稳定的热毛细对流的临界温差。实验结果表明,在小的水平温差下,流动为稳态的多胞流动;随着温差的增大,流动将会失去其稳定性,首先转化为热流体波;当温差再增加时,将会出现更加复杂的振荡流动。同时,实验还发现,随着液层厚度的增加(d≥25 mm),在微重力下,三维振荡的同心多胞热毛细对流可与热流体波共存;而在常重力下,则可能出现稳定的多胞对流。最近,Peng 等[41] 通过数值计算也发现了类似的现象,且判定单纯的热流体波发生在厚度小于 1.5 mm 的液层内,正是这个原因,Garnier 等[42,43] 采用了较浅的环形液层(厚度为 1.2 mm 和 1.9 mm),在地面条件进行了热毛细对流的实验观察,他们的初衷是降低浮力对热毛细对流的影响。实验清晰地观察到独特的螺纹状的热流体波,波的特征与 Smith 和 Davis[33] 的分析一致,但波纹的形状与 Schwabe 等在较厚的液层里所观察到的并不一致。在较厚的液层里,Schwabe 等即使在微重力下也只在厚度为 2.5 mm 的液层表面观察到 1 例很短的螺纹状的波纹,且十分模糊。

在实际的晶体生产过程,人们也发现了热毛细对流失稳的流动形式,Yamagishi 和 Fusegawa[44] 利用 CCD 摄像仪观察到了硅单晶 Czochralski(Cz)法生长时熔体表面的暗线,用实验方法证实了热对流从二维轴对称流动向三维流动的转变。Nakamura[45] 也在 Czochralski 法晶体生长过程中实验观察了硅熔体表面的热流体波随坩埚旋转转速的变化。

1.4.2　理论研究

1982 年,Sen 和 Davis[46] 用渐近线方法分析了水平温度梯度作用下,上部为自由表面的二维浅液池内的热毛细对流,在深宽比趋近于 0 时得到了主流区与边壁区的温度场、速度场与界面变形的近似解析解。1983 年,Smith 和 Davis[33] 对水平无限大液层的热毛细对流进行了线性稳定性分析,获得了流动失稳的临界 Marangoni 数、临界波数、临界相速度等参数,分析了热流体波形成机理。Xu 和 Davis[47] 用渐近线方法分析了细长液桥内的热毛细对流,获得了主流体区的一阶近似解析解。1991 年,Neltzel 等[48] 采用能量稳定性分析方法获得了 Pr 数等于 1,不同几何尺度比的非轴对称扰动的能量稳定性区域。1996 年,Li 等[49] 用渐近线方法分析了不相溶混的双层同轴液柱的热毛细对流,获得了主流区的流场、温度场及压力场的解析表达式,并发现通过选择不同的参数进行匹配可以有效地抑制熔体层的热毛细对流。1999 年,唐泽眉与胡文瑞[50] 对微重力条件下半浮区液桥热毛细对流的不稳定性与转捩过程进行了理论研究,获得了热毛细振荡对流发生的临界参数,分析了液桥的尺度比、体积比、物理参数及传热参数对临界 Marangoni 数的影响。2001 年,Garnier 和 Normand[51] 对水平温度梯度作用下的环形池热毛细对流进行了线性稳定性分析,证实了 Smith 和 Davis[33]在水平无限大条件下进行稳定性分析所预示的热流体波,但在此环形池中,他们发现热流体波在周向是弯曲的,并预示流动的失稳首先发生在冷壁附近。2002 年,Albensoeder 等[52]对侧壁相向等速运动的矩形腔内热毛细对流进行了线性稳定性分析,并获得了不同深宽比下的临界稳定性参数,研究发现,随着侧壁运动位置的不同而得对应的流动形式也会发生变化。2006 年,Shi 等[53]通过数值模拟与线性稳定性分析研究了熔池旋转对外壁加热、内壁冷却的环形浅池热毛细对流的影响。数值模拟与基于逆迭代法求解一般特征值问题的线性稳定性分析结果证明,在特定的 Tayler(Ta)范围($Ta \leqslant 0.806$),熔池旋转可使基态轴对称的热毛细对流不稳定。2008 年,Li 等[57]采用渐近线分析方法对上部为自由表面且施加水平温度条件的环形浅液池内硅熔体的热毛细对流进行了理论研究,得到小形率范围下主流区的速度与温度分布,并与二维数值模拟的结果进行对比,发现在此范围内渐进解与模拟结果互相吻合。

1.4.3　数值模拟

空间实验机会少,费用昂贵,用数值模拟的方法进行研究受到重视,目前已被广泛采用。在过去的几十年中,热毛细对流在各种几何结构下的理论分析和实验研究工作已完成,热毛细对流过程的转变以及多种流动结构形式得以发现与报道。1985 年,Zibib 等[55]对顶部为自由表面、零重力条件下、水平温度梯度作用时的矩形腔内热毛细对流进行了数值模拟,且采用渐进线法推导了边界层结构。1990 年,Carpenter 和 Homsy[56]在对水平温度梯度作用下、矩形液池内大 Pr 数($1 \leqslant Pr \leqslant 50$)流体的热毛细对流进行了数值模拟,研究发现,热毛细对流的流动形式与 Pr 和 Ma 数关系密切。1989 年,Rupp 和 Muller 等[57]用三维有限差分方法模拟液桥内的热毛细振荡对流,计算发现了两种不同的热流体波,表现形态与 Pr 数有关:当 $Pr \leqslant 1$ 时,流动沿轴向前后振荡;当 $Pr \geqslant 1$ 时,流动为行波。1990 年,Kazarinoff 和 Wilkowski[58]计算了零重力条件下轴对称浮区中的热毛细对流,在 3 个不同形率比下发现了流动的分岔现象:稳定流动向小振幅周期性振荡的转变,流动对称性破坏后,又向高振幅的振荡运动转变。1993 年,Peltier 和 Biringen[59]对浅矩形腔中 Pr 为 6.78 流体的时相关热毛细对流进行了数值模拟,得到了几何尺度比 A 为 2.3~3.8 的从稳态流动过渡到时相关对流态的临界 Marangoni 数。

从 20 世纪 90 年代开始,人们对环形池内的热毛细对流开展了进一步的研究。Li 等[60-62]报道了一系列环形池内中等 Pr 数硅油的热毛细对流三维数值模拟结果,以及环形浅池和 Cz 结构浅池内低 Pr 数硅熔体的热毛细对流三维数值模拟结果,证实了流动转变过程,发现了不同的热流体波与三维稳态流动等各种振荡流动的存在。2001 年,Sim 和 Zebib[63]对深宽比为 1 的开口环形腔中 Pr 数为 30 的流体进行了数值模拟,考虑了自由表面散热与液池旋转对临界毛细雷诺数 Reynolds(Re)的影响。2002 年,他们又对上部开放的圆柱空腔的热毛细对流进行了数值模拟研究[64],且在自由面为平面的假设条件下发现了两种不同的流动失稳流型:2 个波数的脉冲波与 3 个波数的旋转波纹。2004 年,Sim 和 Kim 等[65]研究了界面变形的开口环形池内的轴对称热毛细对流,在这个二维模型中,无论界面变形与否,Re 数多大,都只存在稳态对流,他们认为变化的自由表面不是引起流动转化为振荡态轴对称对流的原因。此外,他们还对基于 Cz 法的环形池和基于浮区法的柱形液桥内的热毛细对流进行过研究比较[66],讨论了轴对称模型中动态自由表面的变形,得到的结论与文献[50]相同:在一定的参数范围内,轴对称模型中无论 Re 数多大都只存在稳态对流,而当 Re 数超过某一临界值时产生的三维振荡流动则取决于深宽比、Pr 数以及熔体容积 V 的值。2006 年,Shi 和 Imaishi 等[67]分别对常重力和微重力条件下,环形池内产生热流体波的临界条件进行了计算,分析了外壁加热、内壁冷却时,硅熔体热毛细对流以及热流体波的特性。研究表明,热流体波的波数和角速度都随 Ma 数的变化而变化,当 Ma 数较小时,单组的热流体波随计算时间增长逐渐扩散到整个区域,但当 Ma 数增大以后将同时存在沿不同方位角方向传播的多组热流体波,且在热壁处热流体波的传播角较大。2007 年，Peng 等[41]研究了环形池内硅油的三维浮力—热毛细对流，结果表明，大 Ma 数下分别存在 3 种流态：当液池较浅时（$d \leqslant 1$ mm），池内存在螺纹状的热流体波，且随 Ma 数增加单组热流体波转变为两组共存的不同轮数、不同传播方向的热流体波；当液池较深时（$d \geqslant 5$ mm），由于浮力的影响出现了 Rayleigh-Benard 不稳定性，在整个表面区域内出现了径向的三维稳态流动；当液池深度 $2 \leqslant d \leqslant 4$ mm 时，热流体波与三维振荡流动同时存在，热流体波位于液池内壁处，而在热壁附近产生的成对的沿逆时针旋转的纵向流胞则受热流体波的影响，以与热流体波相同的角速度沿周向传播。

近年来，人们又开始对旋转环形池内硅熔体的热毛细对流进行研究。Shi 等[68]对考虑旋转的环形池内的热对流进行了数值模拟和线性稳定性分析，结果发现，热流体波的传播方向与液池的旋转方向相反，这是因为由 Corilois 力产生的方位角上的流场补给了额外的能量。在旋转池内，一定 Ma 数下方位角波的波数增加了，并且在内壁处螺旋形的波上产生了流动分岔；当 Ma 数增大到一定值时，产生了两组热流体波，且波数较小的一组传播方向与液池旋转方向相同。在一定的旋转速度范围内，液池旋转会对稳态轴对称热毛细对流产生影响，即使是在旋转速率很小时，对对流非稳定性的影响都是明显的。而 Li 等[69]就液池慢速旋转时，热毛细对流的转变状况进行过深入研究，结果发现，增大自由表面径向温度梯度时，会发生两类流动转变。在一定转速下，二维稳态流动转化为第一类热流体波，再增加温差就会转化为轮数较少的第二类热流体波。产生热流体波的临界值以及两类热流体波之间相互转化的临界区域都取决于旋转速率。由第二类转化为第一类的临界温差与由第一类转化为第二类的存在滞后性，且在临界区域内有两类热流体波共存的现象。

1.4.4　双层系统热毛细对流

以上对单层热毛细对流的研究表明，热毛细对流可引起生长晶体中明显的成长条纹。为抑制热毛细对流,近年来发展起来的液封技术在抑制热毛细对流方面表现出极大的优势。2002 年,Li 等[70]在 Cz 炉的全局数值模拟证实了气流剪切对抑制熔体对流有很大影响。

（1）实验研究

对双层流体系统热毛细对流的实验研究最早开始于 1988 年,Villers 和 Platten[17]测定了矩形腔内双层流体热对流的速度分布。1999 年,周炳红等[71]在我国实践 5 号卫星上对水平加热条件下,两层不相混合流体的纯 Marangoni 对流与热毛细对流进行了实验研究,并把实验结果与数值模拟计算的相应速度场进行比较,结果基本一致,实验验证了理论计算的正确性。Liu 等[72]在微重力环境展开的实验清楚地观察到了典型的定常 Marangoni 对流和热毛细对流现象,实测结果与数值模拟对流结构一致,速度大小基本吻合。2000 年,Juel 等[13]在一系列双层平板液体实验中发现了传统上层为气体的系统所未曾发现的种种对流现象。实验中改变温度差和液层厚度两个参数,首次完成了上部平板比下部平板温度高的氟化碳氢化合物和硅油系统实验,发现对流仅与热毛细力有关,对下部加热的乙腈和 n-乙烷系统的实验发现了振荡对流,实验观察结果与线性稳定性分析结果相符。2002 年,Someya 等[73]对水平温度梯度作用下的浮区模型中的硅油和氟液组两层流体系统有无自由表面两种情况进行了实验,用 PIV 技术测量了交界面处的对流流动,实验所测的流场和数值研究的结果吻合。2003 年,Simanovskii 等[74]采用 3 种热扩散系数相近的流体组成多层流体系统,进行了轴对称三维 Marangoni-Benard 流动的空间实验,他们首次在该系统的微重力条件下发现纯热毛细现象,证实了理论分析预示的液-液界面处振荡失稳现象。

（2）理论研究

人们在理论上对双液层系统热毛细对流及其稳定性进行了大量的研究。1993 年,Doi 和 Koster[21]对水平温度梯度作用下,上部为自由表面的两不相溶混流体的热毛细对流进行了理论研究。在无限大水平流体层内得到了速度、温度分布的分析解,发现随界面张力温度系数与表面张力温度系数之比 λ 的改变,存在 4 种不同的流式,当 λ = 0.5 时,对下层流体的抑制效果最佳。1998 年,Liu 等[75]对微重力条件下的双层流体热毛细对流作了线性稳定性分析,并把理论分析与二维数值模拟结果与空间站 SJ-5 进行的实验结果进行对比。2002 年,Nepomnyashchy 等[76]研究了浮力和热毛细力共同作用的双层系统的流动失稳机制,在流体系统上表面加热、界面散热条件下,分析了两种工况系统的长波失稳:模型系统中底层流体有无限大热扩散率,上层流体有无穷小热膨胀系数;绝热水平边界条件时,用线性稳定性方法和非线性数值计算了实际熔体为 10cSt 硅油-乙烯乙二醇的失稳情况。2003 年,Madruga 等[19]对刚性平板边界条件、水平温度梯度的双层水平液体进行了稳定性理论研究,线性稳定性分析发现了 3 种流动形式的存在:从冷域到热域波的传播,热域到冷域波的传播,或稳定的纵向流胞。2004 年,Madruga 等[77]又对水平温度梯度作用下的双层液体的流动进行了线性稳定性分析。用切比雪夫方法求解特征值问题,发现了两种失稳机制,即 Rayleigh-Benard 失稳和 Marangoni 失稳。2006 年,Liu 等[78]研究了 10cSt 硅油/氟化物和硅树脂油(FC70)/水组成的双层系统中 Rayleigh-Marangoni-Benard 对流失稳。为分析热毛细力对双层系统流动失稳的影响作用完成了线性稳定性分析与非线性分析。结果表明,界面处的热毛细力对周期性振荡的失稳对流现象的发生发挥着重要的作用,并在实际的硅油覆盖水的双层系统中发现二次失稳现象。2007 年,Guo 等[79]使用线性稳定性方法分析了下部加热的环形腔 Rayleigh-Marangoni 对流的发生,研究结果表明流形转变与形率有关。他们推断内外半径宽度无法对 Marangoni 效应产生大的影响,而液体的深度与 Biot 数扮演了主导角色。2007 年,McFadden 等[80]完成了水平液层水-苯系统的线性稳定性分析,在垂直温差条件下考虑了浮力和热毛细力的作用。为了解引起失稳的机理,展开了长波、短波分析。2008 年,Liu 等[81]使用线性稳定性分析揭示了液体-可渗透系统中 Rayleigh 效应与 Marangoni 效应的结合机理。通过切比雪夫方法解决特征值问题。结果表明,不同深度比率存在着 3 种 Rayleigh 效应与 Marangoni 效应的结合模式。Li 等[21,83]对水平梯度作用下、上部为自由表面与固壁的环形浅液池内的热毛细对流进行了渐近线分析,获得了主流区域的速度与温度场分布。2010 年,Kuhlmann 与 Schoisswohl[84]对下部加热上部散热的双层流中的浮力-热毛细对流进行了稳定性分析,在零重力条件下,低 Pr 数流体的基态流动会因为静止离心失稳机理而流动失稳;对于中等 Pr 数流体而言,对称的基态流动会被热流体波的出现打破流动稳定性,此时在极浅液层中可以发现两种失稳形式:一种是多波数的热流体波;另一种是由径向回流的减速作用而产生的稳态流动模式;而高 Pr 数流体的热流体波失稳则容易被稳定的热层流运动抑制。同年,Doumenc 等[85]对蒸发冷却的双液层 Rayleigh-Benard-Marangoni 对流稳定性进行了研究,采用线性非正态稳定性分析获得了失稳临界值和临界波数。对纯浮力驱动的对流与纯表面张力驱动的对流进行数值计算与理论研究,得到了临界参数与之前的实验结果吻合。2011 年,Nepomnyashchy 与 Simanovskii[86]就浮力对非绝热极薄双液层系统长波 Marangoni 流动形式的影响进行了线性稳定性分析,对周期性边界条件的计算发现了 3 种流动失稳形式:二维与三维的行波,以及三维的驻波。

(3)数值模拟

1993 年,Liu 等[87]对矩形腔内双层流体热毛细对流进行了数值计算,他们模拟了微重力条件下、水平加热封闭腔和上部为自由表面时两相不溶混流体的热毛细对流,研究了不同流体黏性比和热扩散率比的影响,得到了水平无限大两层流体速度分布。1994 年,Wang 等[88]对有自由表面的两层流体的浮力—热毛细对流进行了数值模拟,在纵横比较大时,得到了流体流动的 4 种不同的流形。2002 年,Boeck 等[89]对浮力和热毛细力共同作用下的液-液双层系统的对流流动进行了三维数值模拟,发现了稳定状态到振荡不稳定状态的转变,流动从稳定的六角形流胞转变为交替的滚胞。2002 年,Tavener 等[90]对考虑界面变形且垂直界面加热的两不相溶混流体的 R-M-B 对流进行了数值模拟,计算发现

临界 Ma 数随上、下层体积比增大而减小，随导热系数比增大而增大，随 Rayleigh 数增大而增大。2003 年，Nepomnyashchy 等[91]对一个真实的双层流体系统中的振荡流动进行了线性和非线性模拟，他们发现浮力使振荡减弱并最终完全抑制振荡，仅在微重力条件下能观察到振荡的不稳定性，当液层厚度比一定时，振荡不稳定性的临界 Ma 数存在一个最小值。2006 年，Nepomnyashchy 等[92]又对浮力和热毛细力作用下有热源的振荡对流进行了线性和非线性模拟，Gr 数较小时，在周期性边界条件和刚性固壁边界条件下都观察到了振荡流动，当 Gr 数进一步增大，振荡消失。同年，Zhou 等[16]对 10 号硅油和 FC70 组成的双层流体系统的 R-M-B 不稳定性进行了数值研究，发现双层系统的不稳定性主要取决于上、下层流体的厚度比。2006 年，Nepomnyashchy 和 Simanovskii[20]对水平温度梯度作用下的 5cSt 硅油/HT-70 双层流体的非线性稳定性进行了研究，他们考虑了两种类型的边界条件：周期性边界条件和侧壁绝热边界条件。他们发现波的传播方向取决于两个因素：液层厚度比和 Marangoni 数。Gupta 等[93,94]对封闭和开口矩形腔水平温度梯度作用下的两不相溶混流体的热毛细对流进行了研究。对封闭矩形腔，他们发现液封的引入导致了液-液界面变形，且液封层的流型和界面变形都与液封的厚度和黏性有关，黏性更大的液封流体会极大地削弱熔体的热毛细对流；开口矩形腔的结果表明，上部自由界面削弱了熔体层的热毛细对流，增强了液封层的对流，选择界面张力对温度更敏感的液封流体，几乎可以完全抑制熔体内的热毛细对流。2008 年，Li 等[22]对水平温度梯度作用下环形池内的砷化镓/氧化硼系统的热毛细对流进行了数值模拟，计算结果表明液封可以很好地抑制熔体内部流动，当考虑浮力的作用时，发现液封层内的热毛细对流减弱了，而熔体流动却增强了。2010 年，他们又对水平温差作用下、上部为固壁的环形双液层系统内的浮力-热毛细对流进行了数值模拟，得到了系统工质为 5cSt 硅油和水的热对流流动特征[23]。2018 年，Simanovskii 等人[95]对具有垂直加热、固体壁面上周期性边界条件和界面热源的矩形双层系统进行了二维数值模拟。结果表明，界面热源的存在会导致流动分岔。2019 年，Nepomnyashchy 等人[96]研究了存在温度梯度和液-液界面热释放/消耗的双层系统中 Marangoni 不稳定性的发展。非线性模拟结果表明，热释放/消耗对长波扰动的行为有显著影响，并观察到周期性交替滚动模式的多稳定性。他们还分析了上表面和液体之间界面变形的双层薄膜中的流动状态[100]。

近十几年来，人们对存在外加磁场下的热毛细对流进行了研究。2007 年，Ludovisi 等[97]对施加不同磁场强度的双层流体的自然对流与热毛细对流进行了数值计算，发现流动除了受到浮力和热毛细力的影响外，还受到磁场强度的影响。非均匀磁场的引入可以强化或削弱浮力作用。通过改变磁场强度和梯度可以改变系统流动的速度与温度分布。2009 年，Cha 等[98]对侧壁加热的腔体施加磁场的热毛细对流进行了数值模拟，结果表明，磁场对速度的影响可以是强化，也可以是削弱。

外部环境的高频振动会对双层流体系统流动稳定性产生影响。近年来，Liu 等[103]、Kovskaya 等[104,105]都对高频振动下的双层流体系统热对流进行了研究。他们的研究结果表明，水平的高频振动强化对流流动，垂直的高频振动抑制对流流动，且使界面变平，推迟系统对流不稳定性的发生。

对具有两个流体交界面的多层(三层)流体系统的稳定性，近年来也得到了研究者的关注。1993 年，Georis 等[102,103]对底部加热的三层流体系统的 Marangoni-Benard 对流的数值模拟发现，热扩散率比决定了不稳定性的性质，当两层流体热扩散率相差较大时，流动为稳态流动；当热扩散率相近时，系统流动为振荡对流。自 2003 年始，Simanovskii 等[105,109]对水平温度梯度下三层流体系统内的热对流进行了数值模拟。在无限大液层中，不考虑浮力且 Ma 数较大时，热流体波在不同液层内的运动方向不同，其余情况热流体波都是自冷壁向热壁处运动。2010 年，他们又对垂直温度梯度作用下的封闭腔内的三层流体的浮力-热毛细对流进行了数值模拟[110]，观察到了振荡流动。

1.5 蓝宝石单晶生长技术的现代趋势和应用进展

蓝宝石所具有的独特的集物理、化学、光学、电子和机械特性使其大范围适用于工业和珠宝产业,特别是成为 LED 发光二极管,大规模集成电路 SOI、SOS 及超导纳米结构薄膜等理想的衬底材料。蓝宝石除了可用来作为基底材料之外,还可用来制造其他有源装备。对用于发光晶体 Al_2O_3 本身或杂质缺陷的研究拓展了蓝宝石许多新的应用。红宝石和掺钛蓝宝石激光晶体就是历史上熟知的例子。随着世界各国对蓝宝石生长技术推广应用的重视,大尺寸、高质量的蓝宝石晶体的需求迅速增长,促使蓝宝石晶体的生长与制备成为目前最具发展活力的产业之一[111]。

1.5.1 蓝宝石晶体的新应用

(1)蓝宝石基片和衬底

蓝宝石单晶最常用的用途就是作为红外光学材料、电子器件和高温超导薄膜的基片和衬底材料,尤其是近年来在 LED 领域大放异彩。LED 具有寿命长、效率高,配套电路简单等优点,应用涉及照明光源、通信光源、装饰、景观等多个行业。目前,蓝宝石主要作为 GaN 基蓝色 LED 及激光二极管的衬底材料。高亮度的 LED 对晶体表面的光滑性要求高,我国使用的 LED 蓝宝石衬底大部分从美国、日本等国家进口,使得高亮度的 LED 材料价格居高不下。

蓝宝石晶体的应用除了熟知的基板材料之外,还可用于固态激光的发光材料。红宝石、掺杂铬的氧化铝是制造第一代固态激光器的材料。掺钛蓝宝石现在已成为流行的可调谐飞秒激光器和参数放大器制造的中间媒介。

(2)光学窗口和整流罩

蓝宝石单晶做成的红外光学窗口和整流罩在军用光电设备中得到广泛的

应用,尤其在导弹整流罩、高功率激光、潜艇窗口等军用设备中的应用地位不可替代[112]。军用设备的特殊需要促使蓝宝石单晶制造的光学窗口和整流罩向大尺寸和宽口径的方向发展。

(3)蓝宝石光纤传感器

蓝宝石单晶光纤传感器一般用于恶劣环境,表面覆盖多晶氧化铝包层,可保证光纤表面完整性而提高光纤的传输性能。蓝宝石光纤具有耐高温的特点,可以应用于高温传感、测量生物医学领域的近红外激光传输,在电加热炉及高温热气流等领域进行压强、应力和化学物质浓度等参数的测量。

(4)光存储介质

随着氧化铝材料从传感器的应用拓展至存储介质,人们开始使用氧化铝晶体作为光存储介质,激光和高非线性、双光子吸收过程被用在存储介质中进行光学定位。使用新的氧化铝单晶体作为介质,光碟存储器获得了兆字节的存储进步。

(5)基于掺 C,Mg 氧化铝的单晶体粒子探测器

近日,Landauer 公司发明了新颖的发光粒子探测器(FNTDs),该探测器展示了惊人的测量质子、中子与其他重型带点粒子的性能。这种粒子探测器采用掺 C,Mg 氧化铝晶体,它集合了聚合物 Al_2O_3:C,Mg 的优缺点。此种晶体是用提拉法技术生长的,生长的尺寸和形状由最终产品决定(图 1.3)。辐射领域成像需要的 500 μm 厚度,直径 60 mm 的抛光晶片近日已投产。这种新型晶体的最大优点是中心区域可以经受有效的辐射变色,甚至当温度上升到 600 ℃ 以上,仍可以允许在成像应用中的快速激光扫描。

图 1.3　用于高精度剂量量测的掺 Mg 蓝宝石晶体和粒子探测器[117]

Fig. 1.3 Mg-doped sapphire and FNTD detectors machined for high fidelity neutron

dosimetry application[117]

1.5.2　蓝宝石生长技术的比较

几乎所有熔体高温生长技术都适用于蓝宝石生产,但各种方法在针对的应用场合和最终产品的几何尺寸方面各有优劣。

（1）焰熔法

焰熔法,也称 Verneuil 法,1902 年由法国化学家 Verneuil 改进并投入产业化生产。焰熔法是利用氢气及氧气在燃烧过程中产生高温,使粉末原料通过氢氧焰加热融化,然后滴落在冷却的结晶杆上形成单晶。焰熔法是第一种用以生产红宝石和蓝宝石的商业方法,并在 19 世纪得到快速发展[113,114],它适用于生产首饰,手表上使用的小直径的晶体。因为低成本,这种方法即便在发明之后的 130 多年仍有广大市场,如今它主要的市场则在为其他蓝宝石生长技术提供籽料。焰熔法生长金红石如图 1.4 所示。

图 1.4　焰熔法生长金红石[119]

Fig. 1.4 Growth rutile by Verneuil method[119]

（2）提拉法

1916 年,Jan Czochralski 发明了提拉法(也称 Cz 法),该方法从坩埚的熔体中提拉晶体[115],如今,提拉法已成为生长所有半导体材料和大多数氧化物晶体主要的工业生长方法。

Cz 法生长模型的示意图如图 1.5 所示,坩埚通常采用难熔金属材料如铱、钼或钨制造,内盛籽料,坩埚外部通电磁感应或电阻加热的方式来保证坩埚壁的高温。坩埚上方有一个旋转的晶棒接触熔体表面并缓慢上升。通过质量传感器测量晶体质量来调节坩埚壁加热量,最终可以控制晶体直径的大小。20 世纪 60—70 年代,Cz 法成功生长了制造第一块固态激光器的高质量红宝石。然而,在蓝宝石制造行业中,Cz 法存在局限,当生长直径超过 10 ~ 50 cm 的晶体,以及生长 c 向晶体时,它并不是最佳的生长方法。

（3）泡生法

Spyro kyropoulos 于 1926 年发明了泡生法,其主要的目的是在晶体凝固时,避免晶体和坩埚的接触[116]。泡生法的生长原理与提拉法相似,如图 1.6 所示,首先令晶棒接触熔体表面,在晶棒与熔体的固-液界面上开始长晶,然后旋转晶棒很缓慢地往上提拉晶种。当晶种形成晶颈后,晶种便不再旋转和不再提拉。最后控制冷却速度使晶体从上方逐渐向下凝固成一整个单晶晶碇。

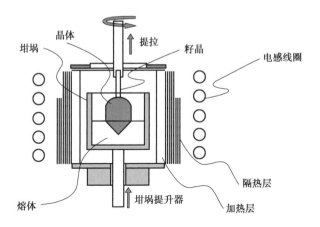

图 1.5 提拉法示意图

Fig. 1.5 Schematic diagram of Czocharalski method

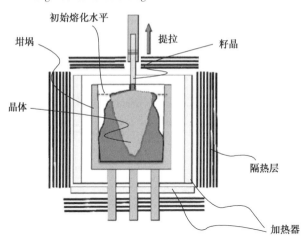

图 1.6 泡生法示意图

Fig. 1.6 Schematic diagram of Kyropoulos method

泡生法结晶缓慢,制备周期长,在坩埚高温长期加热的情况下对设备考验极大,另外,其加热和保温系统基本采用钨钼材料,作为支撑材料与坩埚接触时,本身的高热导率使得炉体下半部分温度梯度非常小,当熔体液面随晶体生长下降时,会发生温度梯度倒置,晶体结晶容易粘连坩埚壁。泡生法制备大尺寸蓝宝石的成品率并没有提拉法高。采用一般泡生法设备生长一个 25~40 kg 的晶体是合理的,至于更高质量级别的蓝宝石晶体,采用泡生法并不是一个明智的选择,这个问题的解决可以从坩埚底部和托盘的导热合理化设计上下功夫[122]。

很多晶体生长模拟软件都可以模拟泡生法工艺。例如,比利时的 FEMAG CZ/OX 软件主要用于 LED 光电技术、高能物理、医学成像等领域中常用的氟化物/卤化物/氧化物晶体与大尺寸蓝宝石晶体的生长工艺过程[117]。

近年来,我国科研技术人员在泡生法的基础上创新发展了冷心放肩微量提升法(SAPMAC),在蓝宝石晶体生长中得到了广泛的应用。其生长过程如下:

①把金属提拉杆低端籽晶夹具夹有的蓝宝石籽晶,浸入坩埚中温度高达 2 340 K 的熔体(氧化铝)表面。

②严格控制熔体温度使其表面温度略高于籽晶熔点,即熔去少量籽晶,以使蓝宝石单晶可于籽晶表面生长。

③待籽晶与熔体完全浸润,再使熔体表面温度处于籽晶熔点,籽晶从熔体中缓慢向上提拉生长蓝宝石单晶。

④严格控制调节加热器功率,使熔体表面温度等于籽晶熔点,以逐步实现蓝宝石单晶生长的缩颈、扩建、等径生长及收尾全过程。

（4）热交换法

所谓热交换法(HEM),一开始由美国人 Fred Schmid 和 D. Viechanicki 于 1967 年在陆军材料研究所发明,随后 Schmid 的晶体生长系统推广到商业用途,现在这个晶体生长系统成为 GT Advance Technology(USA)公司的主要生产系统,并且热交换法的生长熔炉大量地销往亚洲的晶体生长企业。目前,热交换法具有低位错率的优点,成为生长大型晶体(直径 340 mm 以上,质量 105 kg 以上)的最佳方法之一,如图 1.7 所示。由于坩埚在生长晶体之后不可回收再利用,因此,这种方法只适用于大型晶体尺寸的工业生长和高品质的晶体生长[124]。2013 年,有消息显示,苹果公司与 GT Advance Technology 公司签订了多年期的蓝宝石购销合同,总价值高达 5.78 亿美元。苹果公司目前在 iPhone 5S 上的后摄像头玻璃盖面以及 Touch ID 指纹识别 Home 键盖面使用的都是蓝宝石材料,让其具备高透光度与高稳定性、保护性。而这个合约将会让苹果公司未来增加一条主要的蓝宝石供货渠道,未来的用户甚至能使用上蓝宝石屏幕的 iPhone。

图 1.7　热交换法生长 340 mm 直径晶体样品[119]

Fig. 1.7 Example of 340 mm diameter crystal growth by the heat exchanger method[119]

热交换法的实质是控制温度,让熔体在坩埚内直接凝固结晶。如图 1.8 所示,其主要技术特点是:要有一个温度梯度炉,在真空石墨电阻炉的底部装上一个钨钼制成的热交换器,内有冷却氦气流过。把装有原料的坩埚放在热交换器的顶端,两者中心相互重合,而籽晶置于坩埚底部的中心处,当坩埚内的原料被加热熔化以后,氦气流经热交换器进行冷却,使籽晶不被熔化。随后,加大氦气的流量,带走更多的熔体热量,使籽晶逐渐长大,最后使整个坩埚内的熔体全部凝固。热交换法在生长晶体遇到最大的挑战在于生长过程中,无法自动测量生长晶体尺寸和质量,而通过目测来获得晶体的几何参数是不可能的,因为凝结的晶体是埋在熔体之中的。

（5）导模法

考虑氧化铝熔体的可浸润性和结晶形成的毛细力,Harry LaBelle 于 1969 年在 Tyco 实验室发明了导模法(Edge-defined Film-fed Growth method,EFG)。导模法的生长原理如图 1.9 所示,将耐熔金属模具放入熔体中,模具的下部通有细管,因为毛细作用,熔体就被吸引到模具的上表面与籽晶接触,籽晶不断向上提拉使得单晶凝固成型。

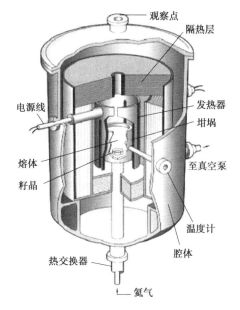

图 1.8　热交换法示意图[119]

Fig. 1.8 Schematic diagram of heat exchange method[119]

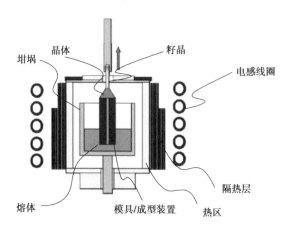

图 1.9　导模法示意图[119]

Fig. 1.9 Schematic diagram of Edge-defined film-fed growth method[119]

　　导模法原先是为了生产高强度复合材料、管道、其他如导弹头的红外线整流罩等复杂形状的蓝宝石纤维,而导模法的蓝宝石模具花费可以占到生产成本的50%以上。后来,导模法在美国和日本等企业被推广用来生产 LED、SOS 基板和红外线屏幕的大型平板。导模法的优点有:可以直接拉出各种形状的晶体,晶体成分均匀,生长晶体无生长纹且光学均匀性好。虽然导模法可以用于多片生长工艺,一次提拉可以生长 10 片以上的蓝宝石晶体,但它的缺点是:当需要大量晶体基板生长和考虑能源消耗和产出率时,它并不如其他技术(如提拉法、泡生法和热交换法)有效率。

(6)水平结晶法

水平结晶法(Horizontal Directional Crystallization)是一种高产低成本的晶体生长方法,它于 20 世纪 60 年代被苏联的 Bagdasarov 发明并运用于商业生产。如图 1.10 所示,使用水平结晶法生长蓝宝石时,先将原料放入船型坩埚之中,坩埚的头部放置晶种。坩埚经过一个加热器,邻近加热器的原料最先融化成熔体,这部分熔体与船头的晶种接触,便开始生长晶体。坩埚缓慢地经过加热器,最终可得到完整的单晶体。这种方法可以得到纯度高、杂质分布均匀的晶体,可以生长 30 kg 以上的晶体,但因为生长过程中晶体与坩埚无法避免接触,难免有坩埚成分的元素析出到晶体,所以不易制得完整性高的大直径单晶。

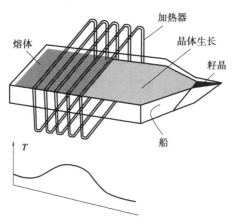

图 1.10　水平结晶法示意图[119]

Fig. 1.10 Schematic diagram of horizontal directional crystallization [119]

（7）蓝宝石晶体生长方法的比较

在 LED 和 SOS 基板应用领域的蓝宝石生长中，生产中遇到的关键缺陷就是气泡、杂质和位错。以上的缺陷可以通过视觉观测或是显微镜观察。在各种生长方法中，泡生法和热交换法显示了较低的位错率，位错率为 10^2 cm^{-2}，提拉法的位错率居中，高于泡生法和热交换法，但低于导模法，导模法有较高的位错率 $10^4 \sim 10^5$ cm^{-2}。

表 1.1 展示了各种制造 LED 基板的蓝宝石晶体生长方法的综合评价，比较可知，目前来说，由于高生产率、相对低的成本和低位错率，泡生法和热交换法被公认为合适在商业应用生产大尺寸的蓝宝石晶体。但当生产率超过 600 g/h 之后，泡生法和热交换法却因为通常在 a 向生长，而令可使用材料产量下降，一些研究实验室和公司正在考虑研究 c 向的泡生法和热交换法来改进这个问题。

表 1.1　各种蓝宝石晶体生长方法特点的比较

Table 1.1 Comparison of major characteristics of sapphire crystal growth methods

方法	晶体尺寸	温度梯度	位错密度	产出率	可使用材料产量	晶片成本优势
焰熔法	小	低	低	高	高	中
提拉法（Cz）	中	中	中	高	高	中
泡生法（KY）	大	高	高	高	中	高
热交换法（HEM）	大	高	高	中	中	中
导模法（EFG）	中	低	低	高	中	中
水平生长法	小	高	高	高	中	中

1.5.3　蓝宝石晶体研制单位及生长技术方法

我国主要蓝宝石晶体研制单位及生长技术方法见表 1.2，目前，泡生法在综合市场的应用量份额最大，约占 60% 以上，其他生产份额较大的方法是热交换法、提拉法、导模法等。我国生产 60 kg、85 kg 的蓝宝石晶体的泡生法生长工艺基本成熟,热交换法虽然能成功生产大于 100 kg 的蓝宝石,但其品质作为 LED 衬底的特性还不及其他方法高,目前仍没有市场应用产品[120]。

表 1.2　我国主要蓝宝石晶体研制单位及生长技术方法

Table 1.2 Main research institutes and technical methods of sapphire crystal in China

序号	单位名称	技术方法	研究、生产基地
1	上海硅酸盐研究所	KY,Cz,EFG	上海
2	上海光学精密机械研究所	KY	上海
3	协鑫光电科技有限公司	KY,HEM	江苏徐州、阜宁
4	江苏同人电子有限公司	KY,HEM	江西鹰潭、江苏句容
5	成都东骏激光股份有限公司	Cz,KY	四川浦江
6	哈工大奥瑞德光电技术有限公司	KY	哈尔滨
7	重庆四联光电科技有限公司	KY,HEM	重庆
8	九江赛翡蓝宝石科技有限公司	HEM	江西九江
9	四川欣蓝光电科技有限公司	KY	四川眉山
10	四川鑫通新材料有限公司	Cz,KY,Verneuil	四川汶川
11	江苏吉星新材料有限公司	HEM	江苏镇江
12	贵州皓天光电科技有限公司	HEM,KY	贵阳
13	焦作激光研究所	KY,Cz	河南焦作
14	合肥桥光电材料有限公司	KY	合肥
15	天津市硅酸盐研究所	EFG	天津
16	上海施科特光电材料有限公司	KY	上海
17	南京伟坤科技实业有限公司	EFG	南京
18	鑫晶钻科技股份有限公司	KY,HEM	台湾
19	中美晶	KY	台湾

1.6 研究内容

本书主要包括以下内容：

①建立微重力及常重力条件下，水平温度梯度作用下，上部为固壁及上部为自由表面的环形双层液体热对流过程的物理模型和数学模型。采用有限容积法对水平温度梯度作用下的 B_2O_3/蓝宝石熔体与 5cSt 硅油/HT-70 的双层液体内的热毛细对流和浮力-热毛细对流进行数值模拟，获取稳态流动时速度场和温度场的分布，作为线性稳定性分析的基态解。

②用线性稳定性方法，通过对所建立的描述双层液体系统内的热毛细对流或浮力-热毛细对流的控制方程引入扰动量，导出线性扰动方程，并用有限差分方法离散控制方程和边界条件，得到离散化方程，将稳定性分析问题转化为一个复广义特征值问题。

③选用隐式重启动 Arnoldi 法求解复广义特征值问题，对常重力及微重力条件下，环形双层液体内存在水平温度梯度时的热对流进行线性稳定性分析，得到各种条件下的边际稳定性曲线，确定流动转变的临界 Ma 数、临界波数、临界相速度随各参数的变化规律，获取失稳后的各种可能的流动结构及特征参数，分析环形双层液体的几何参数及 Ma 数等对流动的影响。

第2章　环形双液层热毛细对流的基本解

2.1　引　言

　　当两相界面存在温度不均匀时,会产生表面张力的不均匀,从而驱动流体运动,这种由表面张力驱动的流动称为热毛细对流。在微重力条件下,重力的影响被大大削弱时,表面张力的作用则显现出来。本书研究液封 B_2O_3 对蓝宝石熔体热毛细对流的抑制作用,此时支配流体运动的方程除了液封与熔体的连续性方程、动量方程和能量方程外,还要特别考虑两相界面上表面张力的作用和跨过界面的能量交换,增添了数值模拟的复杂性。本章的目的在于通过一定的简化和相关的假设来建立物理和数学模型。此外,以环形双液层二维稳态的数值模拟得到各网格节点上的温度、速度与压力值,作为后续线性稳定性分析计算中使用的基本解。

2.2　物理模型及相关假设

　　物理模型如图 2.1 所示,环形液池内半径为 r_i,外半径为 r_o,熔体(下层)厚度为 h_1,液封(上层)厚度为 h_2,双液层总厚度为 $h=h_1+h_2$,底部为固壁,内、外壁分别维持恒定温度 T_c 和 T_h($T_h>T_c$)。分别考虑了上部为固壁或自由表面两种情况。

在模型中引入以下假设：

①熔体和液封均为不可压缩的牛顿流体，满足 Boussinesq 近似。

②流速较低，流动为轴对称二维层流。

③两相界面平整无变形，在液-液界面和自由表面均考虑热毛细力的作用，固-液界面满足无滑移条件。

④液池顶部和底部边界均绝热。

⑤表面张力是温度的线性函数。

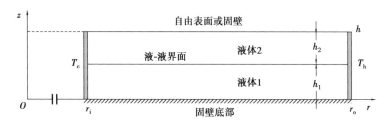

图 2.1　物理模型

Fig. 2.1 Physical model

为简化起见，取 z 轴右侧为研究对象。定义环形池深宽比 $\eta = h/(r_o - r_i)$，下液层厚度与总厚度的比 $\varepsilon = h_1/h$，半径比 $\Gamma = r_i/r_o$。表面张力随温度线性变化，即 $\sigma = \sigma_c - \gamma_T(T - T_c)$，其中，$\sigma_c$ 是温度为 T_c 时的表面张力，γ_T 为流体的表面张力温度系数，$\gamma_T = -\partial\sigma/\partial T$。

2.3　数学模型及其简化

基于上述物理模型及相关假设，在二维坐标系下，可以写出两层流体的控制方程以及相应的边界条件。

2.3.1　控制方程

流体的基本控制方程包括连续性方程、动量守恒方程和能量守恒方程，具体形式如下：

质量守恒方程（连续性方程）

$$\frac{\partial v_i}{\partial z}+\frac{1}{r}\left[\frac{\partial(ru_i)}{\partial r}\right]=0 \qquad (2.1)$$

动量守恒方程（N-S 方程）

$$v_i\left(\frac{\partial u_i}{\partial z}\right)+u_i\left(\frac{\partial u_i}{\partial r}\right)=-\frac{1}{\rho_i}\frac{\partial p_i}{\partial r}+\nu_i\left(\frac{\partial^2 u_i}{\partial r^2}+\frac{1}{r}\frac{\partial u_i}{\partial r}+\frac{\partial^2 u_i}{\partial z^2}-\frac{u_i}{r^2}\right) \qquad (2.2)$$

$$v_i\left(\frac{\partial v_i}{\partial z}\right)+u_i\left(\frac{\partial v_i}{\partial r}\right)=-\frac{1}{\rho_i}\frac{\partial p_i}{\partial z}+g\beta_i(T_i-T_c)+\nu_i\left(\frac{\partial^2 v_i}{\partial r^2}+\frac{1}{r}\frac{\partial v_i}{\partial r}+\frac{\partial^2 v_i}{\partial z^2}\right) \qquad (2.3)$$

能量守恒方程

$$v_i\frac{\partial T_i}{\partial z}+u_i\frac{\partial T_i}{\partial r}=a_i\left(\frac{\partial^2 T_i}{\partial r^2}+\frac{1}{r}\frac{\partial T_i}{\partial r}+\frac{\partial^2 T_i}{\partial z^2}\right) \qquad (2.4)$$

其中，熔体和液封流体分别用下标 i 表示；u 和 v 分别表示 r 和 z 方向的速度分量；p 表示压力；ρ、ν、β 和 α 分别为密度、运动黏度、热膨胀系数和热扩散率。为了清晰地描述二维流动，引入流函数 $\psi(m^3/s)$，其定义为

$$u=-\frac{1}{r}\frac{\partial \psi}{\partial z},v=\frac{1}{r}\frac{\partial \psi}{\partial r} \qquad (2.5)$$

2.3.2　边界条件

①内壁面，$r=r_i,0\leqslant z\leqslant h$

$$u_1=v_1=u_2=v_2=0,T_1=T_2=T_c \qquad (2.6a\text{-}b)$$

②外壁面，$r=r_o,0\leqslant z\leqslant h$

$$u_1=v_1=u_2=v_2=0,T_1=T_2=T_h \qquad (2.7a\text{-}b)$$

③熔体底部，$r_i\leqslant r\leqslant r_o,z=0$

$$u_1=v_1=0,\frac{\partial T_1}{\partial z}=0 \qquad (2.8a\text{-}b)$$

④液封顶部，$r_i\leqslant r\leqslant r_o,z=h$

自由表面： $v_2 = 0, \mu_2 \dfrac{\partial u_2}{\partial z} = -\gamma_\mathrm{T} \dfrac{\partial T_2}{\partial r}, \dfrac{\partial T_2}{\partial z} = 0$ $\qquad$ （2.9a-c）

固壁： $u_2 = v_2 = 0, \dfrac{\partial T_2}{\partial z} = 0$ $\qquad$ （2.10a-b）

⑤液-液界面, $r_\mathrm{i} \leqslant r \leqslant r_\mathrm{o}, z = h_1$

$$v_1 = v_2 = 0, u_1 = u_2, \mu_1 \frac{\partial u_1}{\partial z} - \mu_2 \frac{\partial u_2}{\partial z} = -\gamma_{T1\text{-}2} \frac{\partial T_1}{\partial r} \qquad （2.11a\text{-}c）$$

$$T_1 = T_2, \lambda_1 \frac{\partial T_1}{\partial z} = \lambda_2 \frac{\partial T_2}{\partial z} \qquad （2.11d\text{-}e）$$

其中, μ 和 λ 分别为动力黏度和导热系数, γ_T 和 $\gamma_{T1\text{-}2}$ 分别为流体的表面和界面张力温度系数。

2.4　控制方程和边界条件的无量纲化

2.4.1　控制方程无量纲化

在科学研究中, 人们习惯于采用无量纲形式的方程, 其目的不仅是避免在求解有量纲方程时因单位转换而可能发生的错误, 更重要的是使所得结果适用于满足相似条件要求的同类问题, 进而将对某一特定问题所得到的解推广到一般情况。现对长度、时间、速度、温度和压力作无量纲变换如下:

长度: $R = \dfrac{r}{r_\mathrm{o} - r_\mathrm{i}}, Z = \dfrac{z}{r_\mathrm{o} - r_\mathrm{i}};$

速度: $U = \dfrac{u}{\dfrac{\nu_1}{r_\mathrm{o} - r_\mathrm{i}}}, V = \dfrac{v}{\dfrac{\nu_1}{r_\mathrm{o} - r_\mathrm{i}}};$

压力: $P = \dfrac{p}{\dfrac{\nu_1^2 \rho_1}{(r_\mathrm{o} - r_\mathrm{i})^2}};$

温度：$\Theta = \dfrac{T-T_{c}}{T_{h}-T_{c}}$。

则无量纲化后的控制方程如下：

连续性方程：

$$\frac{\partial V_{i}}{\partial Z} + \frac{1}{R}\left[\frac{\partial(RU_{i})}{\partial R}\right] = 0 \tag{2.12}$$

动量方程：

$$U_{i}\left(\frac{\partial U_{i}}{\partial R}\right) + V_{i}\left(\frac{\partial U_{i}}{\partial Z}\right) = -\frac{\rho_{1}}{\rho_{i}}\frac{\partial P_{i}}{\partial R} + \frac{\nu_{i}}{\nu_{1}}\left(\frac{\partial^{2}U_{i}}{\partial R^{2}} + \frac{1}{R}\frac{\partial U_{i}}{\partial R} + \frac{\partial^{2}U_{i}}{\partial Z^{2}} - \frac{U_{i}}{R^{2}}\right) \tag{2.13}$$

$$V_{i}\left(\frac{\partial V_{i}}{\partial Z}\right) + U_{i}\left(\frac{\partial U_{i}}{\partial R}\right) = -\frac{\rho_{1}}{\rho_{i}}\frac{\partial P_{i}}{\partial Z} + \frac{\beta_{i}}{\beta_{1}}Gr\Theta + \frac{\nu_{i}}{\nu_{1}}\left(\frac{\partial^{2}V_{i}}{\partial R^{2}} + \frac{1}{R}\frac{\partial V_{i}}{\partial R} + \frac{\partial^{2}V_{i}}{\partial Z^{2}}\right) \tag{2.14}$$

能量方程：

$$V\frac{\partial \Theta_{i}}{\partial Z} + U_{i}\frac{\partial \Theta_{i}}{\partial R} = \frac{1}{Pr}\frac{a_{i}}{a_{1}}\left(\frac{\partial^{2}\Theta_{i}}{\partial R^{2}} + \frac{1}{R}\frac{\partial \Theta_{i}}{\partial R} + \frac{\partial^{2}\Theta_{i}}{\partial Z^{2}}\right) \tag{2.15}$$

其中，R 和 Z 为无因次坐标；U、V 为无因次速度分量；P 为无因次压力；$Gr = \beta_{1}g$ $(T_{h}-T_{c})(r_{o}-r_{i})^{3}/\nu_{1}^{2}$ 为格拉晓夫数；$Pr = \nu_{1}/a_{1}$ 为普朗特数。

流函数满足连续性方程：

$$\frac{\partial^{2}\psi}{\partial r^{2}} + \frac{\partial^{2}\psi}{\partial z^{2}} = \frac{\partial}{\partial r}(vr) - r\frac{\partial u}{\partial z} \tag{2.16}$$

取 $\psi_{c} = \nu_{1}(r_{o}-r_{i})$ 无量纲化得：

$$\frac{\partial^{2}\Psi}{\partial R^{2}} + \frac{\partial^{2}\Psi}{\partial Z^{2}} = \frac{\partial}{\partial R}(VR) - R\frac{\partial U}{\partial Z} \tag{2.17}$$

2.4.2　边界条件的无量纲化

①内壁面，$R = r_{i}/(r_{o}-r_{i})$，$0 \leq Z \leq h/(r_{o}-r_{i})$

$$U_{1} = V_{1} = U_{2} = V_{2} = 0, \Theta_{1} = \Theta_{2} = 0 \tag{2.18}$$

②外壁面，$R = r_{o}/(r_{o}-r_{i})$，$0 \leq Z \leq h/(r_{o}-r_{i})$

$$U_1 = V_1 = U_2 = V_2 = 0, \Theta_1 = \Theta_2 = 1 \qquad (2.19)$$

③熔体底部,$r_i/(r_o-r_i) \leqslant R \leqslant r_o/(r_o-r_i), Z=0$

$$U_1 = V_1 = 0, \frac{\partial \Theta_1}{\partial Z} = 0 \qquad (2.20\text{a-b})$$

④液封顶部,$r_i/(r_o-r_i) \leqslant R \leqslant r_o/(r_o-r_i), Z=h/(r_o-r_i)$

自由表面: $\quad V_2 = 0, \frac{\mu_2}{\mu_1} \frac{\partial U}{\partial Z} = -\frac{Ma}{Pr} \frac{\gamma_T}{\gamma_{T1-2}} \frac{\partial \Theta_2}{\partial R}, \frac{\partial \Theta_2}{\partial Z} = 0 \qquad (2.21\text{a-c})$

固壁: $\quad U_2 = V_2 = 0, \frac{\partial \Theta_2}{\partial Z} = 0 \qquad (2.22\text{a-b})$

⑤液-液界面,$r_i/(r_o-r_i) \geqslant R \leqslant r_o/(r_o-r_i), Z=h_1/(r_o-r_i)$

$$V_1 = V_2 = 0, U_1 = U_2, \frac{\partial U_1}{\partial Z} - \frac{\mu_2}{\mu_1} \frac{\partial U_2}{\partial Z} = -\frac{Ma}{Pr} \frac{\partial \Theta_1}{\partial R}, \qquad (2.23\text{a-c})$$

$$\Theta_1 = \Theta_2, \lambda_1 \frac{\partial \Theta_1}{\partial Z} = \lambda_2 \frac{\partial \Theta_2}{\partial Z} \qquad (2.23\text{d-e})$$

其中,Marangoni 数定义为 $Ma = \gamma_{1-r}(T_h - T_c)(r_o - r_i)/(\mu_1 - a_1)$。

2.5　数值求解

数值解法是一种离散近似方法,能得到研究区域中某些代表性点上物理量的近似值。对前面已经建立的环形双层液体内热毛细对流的物理数学模型,控制方程是复杂的非线性偏微分方程,由于存在这种基本的非线性性质,加之边界条件比较复杂,精确解难以得到,因此,拟采用数值方法来获取热对流过程的流场和温度场。

采用有限容积法来对控制方程及边界条件进行离散,对流项用二阶迎风格式,扩散项采用中心差分格式,压力—速度修正采用 SIMPLE 方法。控制方程及边界条件的具体离散过程可参见文献[121]。

2.6 计算条件

为了研究各物理因素对环形双层液体内热对流的影响,为下一步开展的线性稳定性分析提供二维温度场与速度场的基本解,分别对有自由表面的环形池和上部为固壁的环形腔内的流动进行了模拟,模拟流体为 B_2O_3/蓝宝石熔体,物性参数见附录。半径比 $\Gamma=0.2$,双液层深宽比 $\eta=0.1$,下液层厚度与双液层厚度比 $\varepsilon=0.5$。

对有自由表面的 5cSt 硅油/HT-70 双层流体的环形池,在微重力条件下,半径比 $\Gamma=0.2\sim0.8$,双液层深宽比 $\eta=0.1\sim0.2$,下液层厚度与双液层厚度比 $\varepsilon=0.062\,5\sim0.927\,5$;在常重力条件下,半径比 $\Gamma=0.2\sim0.6$,双液层深宽比 $\eta=0.1\sim0.2$,下液层厚度与双液层厚度比 $\varepsilon=0.062\,5\sim0.927\,5$。

对 5cSt 硅油/水双层流体,在常重力条件下,半径比 $\Gamma=0.444$,深宽比 $\eta=0.24$,下液层厚度与双液层厚度比 $\varepsilon=0.083\,3\sim0.916\,7$。

当上部为固壁的环形腔时,对 5cSt 硅油/HT-70 双层流体,在微重力条件下,半径比 $\Gamma=0.2\sim0.8$,双液层深宽比 $\eta=0.1\sim0.2$,下液层厚度与双液层厚度比 $\varepsilon=0.062\,5\sim0.927\,5$;在常重力条件下,半径比 $\Gamma=0.2\sim0.6$,双液层深宽比 $\eta=0.1\sim0.2$,下液层厚度与双液层厚度比 $\varepsilon=0.062\,5\sim0.927\,5$。

在微重力条件下,取 $g=0$;在常重力条件下,取 $g=9.86$ m/s^2。

程序的正确性及网格的收敛性已进行检验,参看文献[122]。

2.7 基态解计算结果

当给双液层系统施加水平温度梯度,且 Marangoni 数低于临界值时,双液层系统中的热对流为轴对称流动,此时的流动称为"基态流动",表现在 R-Z 截面上熔体层中流体逆时针旋转的单胞稳态运动,液封层中为一个顺时针旋转或两个反方向旋转的稳态流胞。液封层是否出现两个明显的反方向流胞与双液层系统上部是否为固壁或自由表面有关，还与系统处于微重力或常重力条件有关，也与深宽比、下液层厚度与液层总厚度之比有关。如图 2.2—图 2.5 所示为双液层系统上部为固壁和上部为自由表面时微重力与常重力条件下 $\eta = 0.10$、$\Gamma = 0.2$、$\varepsilon = 0.5$ 时的流函数分布与温度分布。由此可知，上部为固壁时，上液层流体受液-液界面热毛细力驱动的流胞为一个顺时针旋转的流胞。下液层则表现为一个逆时针旋转的流胞。而当上部为自由表面时，由于自由表面上也有热毛细的作用，驱动近自由表面的液封流体做逆时针运动，因此在液封层有明显的双流胞运动。与上固壁的双液层流动进行对比，发现液池上表面有固壁的情况下，流动更稳定，液封层更不容易出现两个方向相反的流胞。

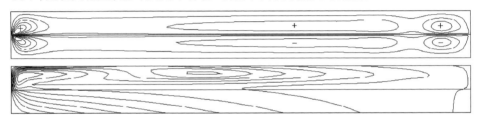

图 2.2　上部为固壁时微重力条件下等流函数线（上）与等温线分布（下），$\Gamma = 0.2$、$\eta = 0.1$、$Ma = 8.0 \times 10^3$、$\delta\Psi = \Psi_{\max}/10$、$\Psi(+) = 1.56 \times 10^{-4}$、$\Psi(-) = -1.57 \times 10^{-4}$、$\delta\Theta = 0.1$

Fig. 2.2 Streamlines (upper) and isotherms (lower) at $\Gamma = 0.2$ and $\eta = 0.1$ under microgravity condition with rigid surface (a) $Ma = 8.0 \times 10^3$, $\delta\Psi = \Psi_{\max}/10$, $\Psi(+) = 1.56 \times 10^{-4}$,

$$\Psi(-) = -1.57 \times 10^{-4}, \delta\Theta = 0.1$$

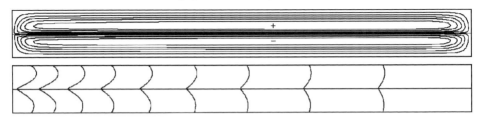

图 2.3　上部为固壁时常重力条件下等流函数线（上）与等温线分布（下），$\Gamma = 0.2$、$\eta = 0.1$、$Ma = 1.6 \times 10^6$、$\delta\Psi = \Psi_{\max}/10$、$\Psi(+) = 0.029\,4$、$\Psi(-) = -0.029\,4$、$\delta\Theta = 0.1$

Fig. 2.3 Streamlines (upper) and isotherms (lower) at $\Gamma = 0.2$ and $\eta = 0.1$ under gravity condition with rigidsurface (a) $Ma = 1.6 \times 10^6$, $\delta\Psi = \Psi_{\max}/10$, $\Psi(+) = 0.029\,4$, $\Psi(-) = -0.029\,4$, $\delta\Theta = 0.1$

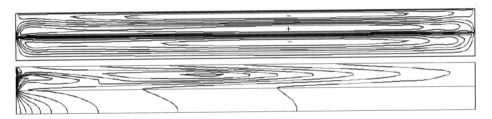

图 2.4 上部为自由表面时微重力条件下等流函数线（上）与等温线分布（下），$\Gamma = 0.2$、
$\eta = 0.1$、$Ma = 8.0 \times 10^4$、$\delta\Psi = \Psi_{max}/10$、$\Psi(+) = 0.010$、$\Psi(-) = -0.015$、$\delta\Theta = 0.1$

Fig. 2.4 Streamlines (upper) and isotherms (lower) at $\Gamma = 0.2$ and $\eta = 0.1$ under microgravity
condition with free surface. $Ma = 8.0 \times 10^4, \delta\Psi = \Psi_{max}/10, \Psi(+) = 0.010, \Psi(-) = -0.015, \delta\Theta = 0.1$

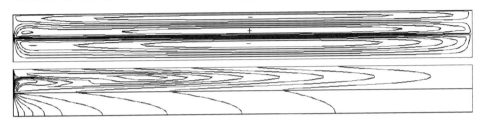

图 2.5 上部为自由表面时常重力条件下等流函数线（上）与等温线分布（下），$\Gamma = 0.2$、
$\eta = 0.1$、$Ma = 8.0 \times 10^4$、$\delta\Psi = \Psi_{max}/10$、$\Psi(+) = 0.013$、$\Psi(-) = -0.018$、$\delta\Theta = 0.1$

Fig. 2.5 Streamlines (upper) and isotherms (lower) at $\Gamma = 0.2$ and $\eta = 0.1$ under gravity
condition with free surface. $Ma = 8.0 \times 10^4, \delta\Psi = \Psi_{max}/10, \Psi(+) = 0.013, \Psi(-) = -0.018, \delta\Theta = 0.1$

把工质对 B_2O_3/蓝宝石熔体与工质对为 5cSt 硅油/HT-70 的基态流动进行
比较，如图 2.6 所示为 5cSt 硅油/HT-70 在环形池上固壁的情况，同样的深宽比
$\eta = 0.10$，半径比 $\Gamma = 0.2$，下液层厚度与总液层厚度比 $\varepsilon = 0.5$ 条件下的基态流
动的流函数分布显示，5cSt 硅油/HT-70 的流胞集中分布于近热壁处，而 B_2O_3/
蓝宝石熔体与工质对的流函数分布则分布得更接近径向中部。这是因为，在微
重力条件下，上部为固壁的环形液层，促使流体流动的驱动力为液-液界面的热
毛细力，根据马拉格尼无量纲数 Marangoni 数的定义 $Ma = \gamma_{T1\text{-}2}(T_h - T_c)(r_o - r_i)/$
$(\mu_1 - \alpha_1)$，可知在内外半径差相同、内外壁温差相同的情况下，影响流动强弱的
参数主要是下液层流体的黏度、热扩散系数，以及上、下层流体液-液界面的界
面张力温度系数。因为 B_2O_3/蓝宝石熔体与 5cSt 硅油/HT-70 的界面张力温度

系数相差不大,所以影响热毛细流动的主要因素集中于下液层流体的黏度、热扩散系数。查阅文献[19]可知,HT-70 的 Pr 数为 11.54,蓝宝石熔体为 35.03,在液封提拉法生长蓝宝石晶体过程中,热毛细对流的作用更强,更加不容忽视。

同时,从温度分布图可知,对两种工质对,当给双液层系统施加水平温度梯度后,等温线发生了非线性的变化,靠近冷壁处等温线较密集。不同的是,对 5cSt 硅油/HT-70 工质对,在下液层的等温线呈现的是垂向对称朝热壁处凸出的形状,也即是说,在下液层的层中温度,要比同一径向位置的近液-液界面、近底部的流体温度要高。对于 B_2O_3/蓝宝石熔体工质对来说,下液层流体的温度分布呈近线性分布。HT-70 的导热系数为 0.07 $W/(m \cdot K)$,蓝宝石熔体的导热系数为 2.05 $W/(m \cdot K)$,蓝宝石熔体的温度分布更容易受边界温度条件的影响。

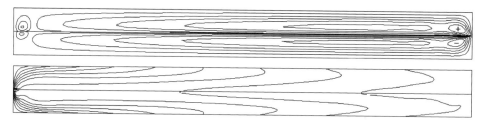

图 2.6　5cSt 硅油/HT-70 上部为固壁时微重力条件下等流函数线(上)与等温线分布(下),$\Gamma = 0.2$、$\eta = 0.1$、$Ma = 4.0 \times 10^7$、$\delta\Psi = \Psi_{\max}/10$、$\Psi(+) = 1.77$、$\Psi(-) = -1.77$、$\delta\Theta = 0.1$

Fig. 2.6 Streamlines (upper) and isotherms (lower) of 5cSt silicone oil/HT-70 at $\Gamma = 0.2$ and $\eta = 0.1$ under microgravity condition with rigid surface (a) $Ma = 4.0 \times 10^7$,$\delta\Psi = \Psi_{\max}/10, \Psi(+) = 1.77, \Psi(-) = -1.77, \delta\Theta = 0.1$

数值计算所得的 R-Z 截面每个网格上的速度、温度、压力值可为下一步的线性稳定性分析提供基态解。

2.8　本章小结

本章建立了描述两种不相溶混的环形液池内的热毛细对流的数学模型,通过无量纲化得到了无量纲化的控制方程、无量纲化边界条件及重要的无量纲参数。

采用二维数值模拟,得到了工质对 B_2O_3／蓝宝石熔体与工质对为 5cSt 硅油／HT-70 的上部为固壁与自由表面时微重力与常重力条件下的基态解,发现熔体层的流动形态为单胞稳态逆时针流动,而液封层的流动形式与双液层系统上部是否为固壁或自由表面有关,与系统处于微重力或常重力条件下有关。5cSt 硅油／HT-70 的流胞集中分布于近热壁处,而 B_2O_3／蓝宝石熔体与工质对的流函数分布则分布得更接近径向中部。这说明在液封提拉法生长蓝宝石晶体过程中,相对于 5cSt 硅油／HT-70 工质对的下液层工质为 HT-70,蓝宝石熔体的热毛细对流的作用更强,更加不容忽视。而对温度分布情况,HT-70 的层中温度要比同一径向位置的近液-液界面、近底部的流体温度要高。对于 B_2O_3／蓝宝石熔体工质对来说,下液层流体的温度分布呈近线性分布。蓝宝石熔体的温度分布更容易受边界温度条件的影响。

第3章 双液层热毛细对流稳定性分析方法

3.1 引　言

Chandrasekhar[123]在其专著中详细分析了由浮力引起的热动力系统稳定性,对热毛细力引起的热不稳定性研究只是近二十多年的事。新能源材料太阳能硅片与计算机集成电路半导体的大量生产,加之微重力环境的开辟,人类对高质量、大尺寸单晶体的渴求,以及其他两相流体热对流相关现象被揭示,吸引越来越多的研究者从事这一领域的研究。

按照文献[124,125]的定义,一个系统是稳定的或渐进稳定的,是指该系统在微小干扰下的运动状态与未被干扰时的状态相差不大,反之就认为该系统是不稳定的。一个系统对加在其上的小扰动的反应,如果系统在有限干扰作用下引起的运动状态也是有限的,也即是说这个小扰动随时间变化不大,则称该系统的未被扰动运动是稳定的;如果小扰动随时间逐渐衰减,最后趋于零,则称该系统的未被扰动运动是渐进稳定的;如果小扰动随时间增大,则称该系统的未被扰动运动是不稳定的。

3.2　稳定性分析意义和线性稳定性分析方法

3.2.1　稳定性分析意义

流体动力系统的稳定性,是一个古老而现在仍非常活跃的研究领域,近一个世纪以来,它被认为是流体力学的中心问题之一,有人估计[126],著名杂志 *Journal of Fluid Mechanics* 上,与流体动力稳定性有关的文章,可能超过其总数的 1/3。稳定性分析涉及基本定态解何时被破坏,如何被破坏,以及后续的发展等。稳定性分析在工程、气象、海洋、大气物理、地球物理学等领域都有许多应用。不少工程技术问题已经得益于这方面的研究成果。

可以通过某种方法,如相似性原理、渐近线方法求得微分方程的解,但这个解所代表的流场、温度场能否在实际中实现,在对其作稳定性分析之前是无法回答的。如果所得的解在所考虑的参数空间上是不稳定的,那么这个解实际上根本无法实现,因为所求得的解只代表了一种未受扰动下的流场和温度场。而工程实际中不可避免地会出现各种形式的扰动,如果系统能使各种扰动随时间衰减下去,至少不增大,即系统是渐进稳定的或稳定的,那么系统所特有的流场、温度场才可能保持下去;否则,系统所特有的状态——基本定态解,将随时间变化,从一种运动形式变为另一种运动形式,如从定常运动变为时相关运动,所求得的微分方程基本定态解将毫无工程意义。在第 2 章里,已求得了具有液封环形液池内热对流的基态解,如果对求得的这个解的稳定性分析的结果能够表明在很大的控制参数(Marangoni 数)范围内解是稳定的,说明这个解在很大程度上能够保持下去,即这种被削弱了的运动形式能够维持下去,那就说明通过液封削弱热毛细对流的方法在理论上是可行的;反之,如果稳定性分析的结果是无论多小的控制参数,解都是不稳定的,尽管求得了基态解的数值解,但这种解实际上根本无法存在,因为很小的扰动将使这种解瓦解,使运动变为其他形式的运动,这个解没有实际意义。由此可知,对所关心的热物理系统的基本定态解作稳定性分析,显得非常必要和特别重要。

前面已指出,在晶体生长过程中,大量理论分析和实验研究都重视熔区对流的稳定性对生长晶体的质量带来的影响。遗憾的是对具有液封的环形双液层的热毛细对流的稳定性分析还鲜见文献报道。本书作的稳定性分析无疑可以弥补这方面理论的不足,同时可望对工程实际有直接指导意义,为有关参数的选择提供重要依据。同时,对工质对为 B_2O_3/蓝宝石熔体与工质对为 5cSt 硅油/HT-70 的流动稳定性进行比较,可以获得低 Pr 数流体和中等 Pr 数流体在双液层系统中流动特性,进一步丰富非平衡热力学理论知识。

3.2.2 线性稳定性分析方法

在非平衡热力学中,热动力系统的稳定性分析是一个十分重要的内容。分析方法除了用能量方法获得稳定性的充分条件外,还可以采用线性稳定性分析方法获得不稳定性的充分条件的判据。线性稳定性分析方法,就是在给定过程基本解的基础上加上一微小扰动,代入原方程后,得到扰动方程,忽略二阶及二阶以上扰动量,得到扰动量随时间变化的关系,对原物理方程基本解性质的讨论遂转变为扰动方程零解的讨论,通过对扰动方程零解稳定性的讨论,便可以判定原物理系统基本解的稳定性。运动过程可能在一定的条件下由稳定过渡到不稳定,这便是失稳,由稳定状态转变到不稳定状态的转变点所对应的一些参数和条件,就是失稳的临界参数和条件。其中把微小扰动分解为各种模态,每一模态都满足线性系统,可分别处理,这就是所谓的简正模态法[124]。如果能找到一个可表示任一初始扰动发展的完备的简正模态集合,那么简正模态法的应用便能保证成功。

阐述了针对不相溶混环形双液层热毛细对流的线性稳定性分析方法。利用第 2 章所得的基本定态解,用线性稳定性分析方法通过建立扰动方程,将稳定性分析问题转化为一个复广义特征值问题。

3.3　线性扰动方程的建立

3.3.1　线性扰动方程

在稳态情况下,环形液池内的流动是轴对称稳定流动。通过数值计算,可以求得该状态下的稳态流场和温度场,称为基本定态解,用 $(U_{o_i}, V_{o_i}, P_{o_i}, \Theta_{o_i})^T$ 表示。假设基本态受到轻微扰动,即叠加一个小扰动在基本解上,认为各物理量为基本定态解参量和扰动量之和,其中,扰动量用 $(U_i', V_i', W_i', P_i', \Theta_i')^T$ 表示,即

$$U_i = U_{o_i} + U_i' \tag{3.1a}$$

$$V_i = V_{o_i} + V_i' \tag{3.1b}$$

$$W_i = W_{o_i} + W_i' \tag{3.1c}$$

$$P_i = P_{o_i} + P_i' \tag{3.1d}$$

$$\Theta_i = \Theta_{o_i} + \varphi_i \tag{3.1e}$$

将式(3.1)代入无量纲三维非稳态控制方程,有

$$\frac{1}{R}\frac{\partial(RU_i)}{\partial R} + \frac{1}{R}\frac{\partial W_i}{\partial \theta} + \frac{\partial V_i}{\partial Z} = 0 \tag{3.2a}$$

$$\frac{\partial U_i}{\partial \tau} + U_i\frac{\partial U_i}{\partial R} + W_i\frac{\partial U_i}{R\partial \theta} + V_i\frac{\partial U_i}{\partial Z} - \frac{W_i^2}{R} = -\frac{\rho_1}{\rho_i}\frac{\partial P_i}{\partial R} + \tag{3.2b}$$

$$\frac{\nu_i}{\nu_1}\frac{1}{R}\frac{\partial}{\partial R}\left(R\frac{\partial U_i}{\partial R}\right) + \frac{\nu_i}{\nu_1}\frac{\partial^2 U_i}{R^2\partial \theta^2} + \frac{\nu_i}{\nu_1}\frac{\partial^2 U_i}{\partial Z^2} - \frac{\nu_i}{\nu_1}\frac{U_i}{R^2} - \frac{\nu_i}{\nu_1}\frac{2}{R^2}\frac{\partial V_i}{\partial \theta}$$

$$\frac{\partial W_i}{\partial \tau} + U_i\frac{\partial W_i}{\partial R} + W_i\frac{\partial W_i}{R\partial \theta} + V_i\frac{\partial W_i}{\partial Z} + \frac{U_i W_i}{R}$$

$$= -\frac{\rho_1}{\rho_i}\frac{\partial P_i}{R\partial \theta} + \frac{\nu_i}{\nu_1}\frac{1}{R}\frac{\partial}{\partial R}\left(R\frac{\partial W_i}{\partial R}\right) + \frac{\nu_i}{\nu_1}\frac{\partial^2 W_i}{\partial Z^2} + \tag{3.2c}$$

$$\frac{\nu_i}{\nu_1}\frac{\partial^2 W_i}{R^2\partial \theta^2} - \frac{\nu_i}{\nu_1}\frac{W_i}{R^2} + \frac{\nu_i}{\nu_1}\frac{2}{R^2}\frac{\partial U_i}{\partial \theta}$$

$$\frac{\partial V_i}{\partial \tau} + U_i \frac{\partial V_i}{\partial R} + W_i \frac{\partial V_i}{R \partial \theta} + V_i \frac{\partial V_i}{\partial Z} = -\frac{\rho_1}{\rho_i} \frac{\partial P_i}{\partial Z} +$$

$$\frac{\nu_i}{\nu_1} \left[\frac{1}{R} \frac{\partial}{\partial R} \left(R \frac{\partial V_i}{\partial R} \right) + \frac{1}{R^2} \frac{\partial^2 V_i}{\partial \theta^2} + \frac{\partial^2 V_i}{\partial Z^2} \right] + \frac{\beta_i}{\beta_1} Gr\Theta_i e_z \qquad (3.2d)$$

$$\frac{\partial \Theta_i}{\partial \tau} + U_i \frac{\partial \Theta_i}{\partial R} + W_i \frac{\partial \Theta_i}{R \partial \theta} + V_i \frac{\partial \Theta_i}{\partial Z}$$

$$= \frac{\alpha_i}{\alpha_1} \frac{1}{Pr} \left[\frac{1}{R} \frac{\partial}{\partial R} \left(R \frac{\partial \Theta_i}{\partial R} \right) + \frac{1}{R^2} \frac{\partial^2 \Theta_i}{\partial \theta^2} + \frac{\partial^2 \Theta_i}{\partial Z^2} \right] \qquad (3.2e)$$

可得柱坐标下的扰动方程为

$$\frac{1}{R} \frac{\partial [R(U_{o_i} + U_i')]}{\partial R} + \frac{1}{R} \frac{\partial (W_{o_i} + W_i')}{\partial \theta} + \frac{\partial (V_{o_i} + V_i')}{\partial Z} = 0 \qquad (3.3)$$

$$\frac{\partial (U_{o_i} + U_i')}{\partial \tau} + (U_{o_i} + U_i') \frac{\partial (U_{o_i} + U_i')}{\partial R} + (W_{o_i} + W_i') \frac{\partial (U_{o_i} + U_i')}{R \partial \theta} +$$

$$(V_{o_i} + V_i') \frac{\partial (U_{o_i} + U_i')}{\partial Z} - \frac{(W_{o_i} + W_i')^2}{R} = -\frac{\rho_1}{\rho_i} \frac{\partial (P_{o_i} + P_i')}{\partial R} +$$

$$\frac{\nu_i}{\nu_1} \frac{1}{R} \frac{\partial}{\partial R} \left[R \frac{\partial (U_{o_i} + U_i')}{\partial R} \right] + \frac{\nu_i}{\nu_1} \frac{\partial^2 (U_{o_i} + U_i')}{R^2 \partial \theta^2} + \frac{\nu_i}{\nu_1} \frac{\partial^2 (U_{o_i} + U_i')}{\partial Z^2} - \qquad (3.4)$$

$$\frac{\nu_i}{\nu_1} \frac{u_{o_i} + u_i'}{R^2} - \frac{\nu_i}{\nu_1} \frac{2}{R^2} \frac{\partial (v_{o_i} + v_i')}{\partial \theta}$$

$$\frac{\partial (W_{o_i} + W_i')}{\partial \tau} + (U_{o_i} + U_i') \frac{\partial (W_{o_i} + W_i')}{\partial R} + (W_{o_i} + W_i') \frac{\partial (W_{o_i} + W_i')}{R \partial \theta} +$$

$$(V_{o_i} + V_i') \frac{\partial (W_{o_i} + W_i')}{\partial Z} + \frac{(U_{o_i} + U_i')(W_{o_i} + W_i')}{R}$$

$$= -\frac{\rho_1}{\rho_i} \frac{\partial (P_{o_i} + P_i')}{R \partial \theta} + \frac{\nu_i}{\nu_1} \frac{1}{R} \frac{\partial}{\partial R} \left[R \frac{\partial (W_{o_i} + W_i')}{\partial R} \right] + \frac{\nu_i}{\nu_1} \frac{\partial^2 (W_{o_i} + W_i')}{\partial Z^2} + \qquad (3.5)$$

$$\frac{\nu_i}{\nu_1} \frac{\partial^2 (W_{o_i} + W_i')}{R^2 \partial \theta^2} - \frac{\nu_i}{\nu_1} \frac{W_{o_i} + W_i'}{R^2} + \frac{\nu_i}{\nu_1} \frac{2}{R^2} \frac{\partial (U_{o_i} + U_i')}{\partial \theta}$$

$$\frac{\partial(V_{o_i}+V_i')}{\partial\tau}+(U_{o_i}+U_i')\frac{\partial(V_{o_i}+V_i')}{\partial R}+(W_{o_i}+W_i')\frac{\partial(V_{o_i}+V_i')}{R\partial\theta}+$$

$$(V_{o_i}+V_i')\frac{\partial(V_{o_i}+V_i')}{\partial Z}=-\frac{\rho_1}{\rho_i}\frac{\partial(P_{o_i}+P_i')}{\partial Z}+$$

$$\frac{\nu_i}{\nu_1}\left\{\frac{1}{R}\frac{\partial}{\partial R}\left[R\frac{\partial(V_{o_i}+V_i')}{\partial R}\right]+\frac{1}{R^2}\frac{\partial^2(V_{o_i}+V_i')}{\partial\theta^2}+\frac{\partial^2(V_{o_i}+V_i')}{\partial Z^2}\right\}+$$

$$\frac{\beta_i}{\beta_1}Gr(\Theta_{o_i}+\varphi_i)e_z \tag{3.6}$$

$$\frac{\partial(\Theta_{o_i}+\varphi_i)}{\partial\tau}+(U_{o_i}+U_i')\frac{\partial(\Theta_{o_i}+\varphi_i)}{\partial R}+(W_{o_i}+W_i')\frac{\partial(\Theta_{o_i}+\varphi_i)}{R\partial\theta}+$$

$$(V_{o_i}+V_i')\frac{\partial(\Theta_{o_i}+\varphi_i)}{\partial Z} \tag{3.7}$$

$$=\frac{\alpha_i}{\alpha_1}\frac{1}{Pr}\left\{\frac{1}{R}\frac{\partial}{\partial R}\left[R\frac{\partial(\Theta_{o_i}+\varphi_i)}{\partial R}\right]+\frac{1}{R^2}\frac{\partial^2(\Theta_{o_i}+\varphi_i)}{\partial\theta^2}+\frac{\partial^2(\Theta_{o_i}+\varphi_i)}{\partial Z^2}\right\}$$

边界条件如下:

①内壁面,$R=r_i/(r_o-r_i)$,$0\leqslant Z\leqslant h/(r_o-r_i)$

$$U_{o_i}+U_i'=V_{o_i}+V_i'=W_{o_i}+W_i'=0,\Theta_{o_i}+\varphi_i=0 \tag{3.8a-b}$$

②外壁面,$R=r_o/(r_o-r_i)$,$0\leqslant Z\leqslant h/(r_o-r_i)$

$$U_{o_i}+U_i'=V_{o_i}+V_i'=W_{o_i}+W_i'=0,\Theta_{o_i}+\varphi_i=1 \tag{3.9a-b}$$

③熔体底部,$r_i/(r_o-r_i)\leqslant R\leqslant r_o/(r_o-r_i)$,$Z=0$

$$U_{o_1}+U_1'=V_{o_1}+V_1'=W_{o_1}+W_1'=0,\frac{\partial(\Theta_{o_1}+\varphi_1)}{\partial Z}=0 \tag{3.10a-b}$$

④液封顶部,$r_i/(r_o-r_i)\leqslant R\leqslant r_o/(r_o-r_i)$,$Z=h/(r_o-r_i)$

自由表面:$W_{o_2}+W_2'=0,\dfrac{\mu_2}{\mu_1}\dfrac{\partial(U_{o_i}+U_i')}{\partial Z}=-\dfrac{Ma}{Pr}\dfrac{\gamma_T}{\gamma_{T1\text{-}2}}\dfrac{\partial(\Theta_{o_2}+\varphi_2)}{\partial R}$,

$$\frac{\partial(\Theta_{o_2}+\varphi_2)}{\partial Z}=0 \tag{3.11a-c}$$

固壁： $\qquad U_{o_2}+U'_2=V_{o_2}+V'_2=W_{o_2}+W'_2=0, \dfrac{\partial(\Theta_{o_2}+\varphi_2)}{\partial Z}=0$ （3.12a-b）

⑤液-液界面 $,r_i/(r_o-r_i)\leqslant R\leqslant r_o/(r_o-r_i),Z=h_1/(r_o-r_i)$

$$U_{o_1}+U'_1=U_{o_2}+U'_2=0,\ V_{o_1}+V'_1=V_{o_2}+V'_2=0,$$

$$W_{o_1}+W'_1=W_{o_2}+W'_2=0 \qquad\qquad (3.13\text{a-c})$$

$$\frac{\partial(U_{o_1}+U'_1)}{\partial Z}-\frac{\mu_2}{\mu_1}\frac{\partial(U_{o_2}+U'_2)}{\partial Z}=-\frac{Ma}{Pr}\frac{\partial(\Theta_{o_1}+\varphi_1)}{\partial R} \qquad (3.13\text{d})$$

$$\Theta_{o_1}+\varphi_1=\Theta_{o_2}+\varphi_2,\ \lambda_1\frac{\partial(\Theta_{o_1}+\varphi_1)}{\partial Z}=\lambda_2\frac{\partial(\Theta_{o_2}+\varphi_2)}{\partial Z} \qquad (3.13\text{e-f})$$

将高阶扰动方程和边界条件与基本定态方程及其边界条件相减,并忽略扰动量的二阶及二阶以上项,得到线性扰动方程和边界条件为

$$\frac{\partial U'_i}{\partial R}+\frac{U'_i}{R}+\frac{1}{R}\frac{\partial W'_i}{\partial\theta}+\frac{\partial V'_i}{\partial Z}=0 \qquad\qquad (3.14)$$

$$\frac{\partial U'_i}{\partial\tau}+U'_i\frac{\partial U_{o_i}}{\partial R}+U_{o_i}\frac{\partial U'_i}{\partial R}+\frac{W_{o_i}}{R}\frac{\partial U'_i}{\partial\theta}+\frac{W'_i}{R}\frac{\partial U_{o_i}}{\partial\theta}+V_{o_i}\frac{\partial U'_i}{\partial Z}+V'_i\frac{\partial U_{o_i}}{\partial Z}-\frac{2W_{o_i}W'_i}{R}$$
$$(3.15)$$
$$=-\frac{\rho_1}{\rho_i}\frac{\partial P'_i}{\partial R}+\frac{\nu_i}{\nu_1}\left(\frac{\partial^2 U'_i}{\partial R^2}+\frac{1}{R}\frac{\partial U'_i}{\partial R}+\frac{\partial^2 U'_i}{R^2\partial\theta^2}+\frac{\partial^2 U'_i}{\partial Z^2}-\frac{U'_i}{R^2}-\frac{2}{R^2}\frac{\partial W'_i}{\partial\theta}\right)$$

$$\frac{\partial W'_i}{\partial\tau}+U_{o_i}\frac{\partial W'_i}{\partial R}+U'_i\frac{\partial W_{o_i}}{\partial R}+\frac{W_{o_i}}{R}\frac{\partial W'_i}{\partial\theta}+\frac{W'_i}{R}\frac{\partial W_{o_i}}{\partial\theta}+V_{o_i}\frac{\partial W'_i}{\partial Z}+V'_i\frac{\partial W_{o_i}}{\partial Z}+\frac{U_{o_i}W'_i}{R}+\frac{U'_iW_{o_i}}{R}$$

$$=-\frac{\rho_1}{\rho_i}\frac{\partial P'_i}{R\partial\theta}+\frac{\nu_i}{\nu_1}\left(\frac{1}{R}\frac{\partial W'_i}{\partial R}+\frac{\partial^2 W'_i}{\partial R^2}+\frac{\partial^2 W'_i}{R^2\partial\theta^2}+\frac{\partial^2 W'_i}{\partial Z^2}-\frac{W'_i}{R^2}+\frac{2}{R^2}\frac{\partial U'_i}{\partial\theta}\right)$$

$$(3.16)$$

$$\frac{\partial V'_i}{\partial\tau}+U_{o_i}\frac{\partial V'_i}{\partial R}+U'_i\frac{\partial V_{o_i}}{\partial R}+\frac{W_{o_i}}{R}\frac{\partial V'_i}{\partial\theta}+\frac{W'_i}{R}\frac{\partial V_{o_i}}{\partial\theta}+V_{o_i}\frac{\partial V'_i}{\partial R}+V'_i\frac{\partial V_{o_i}}{\partial Z}$$

$$(3.17)$$

$$=-\frac{\rho_1}{\rho_i}\frac{\partial P'_i}{\partial Z}+\frac{\nu_i}{\nu_1}\left(\frac{1}{R}\frac{\partial V'_i}{\partial R}+\frac{\partial^2 V'_i}{\partial R^2}+\frac{1}{R^2}\frac{\partial^2 V'_i}{\partial\theta^2}+\frac{\partial^2 V'_i}{\partial Z^2}\right)+\frac{\beta_i}{\beta_1}Gr\varphi e_z$$

$$\frac{\partial \Theta_i}{\partial \tau}+U_{o_i}\frac{\partial \varphi_i}{\partial R}+U_i'\frac{\partial \Theta_{o_i}}{\partial R}+\frac{W_{o_i}}{R}\frac{\partial \varphi_i}{\partial \theta}+\frac{W_i'}{R}\frac{\partial \Theta_{o_i}}{\partial \theta}+V_{o_i}\frac{\partial \varphi_i}{\partial Z}+V_i'\frac{\partial \Theta_{o_i}}{\partial Z}$$

$$=\frac{\alpha_i}{\alpha_1}\frac{1}{Pr}\left(\frac{1}{R}\frac{\partial \varphi_i}{\partial R}+\frac{\partial^2 \varphi_i}{\partial R^2}+\frac{1}{R^2}\frac{\partial^2 \varphi_i}{\partial \theta^2}+\frac{\partial^2 \varphi_i}{\partial Z^2}\right) \tag{3.18}$$

边界条件如下：

①内壁面，$R=r_i/(r_o-r_i)$，$0 \leqslant Z \leqslant h/(r_o-r_i)$

$$U_i'=V_i'=W_i'=0, \varphi_i=0 \tag{3.19a-b}$$

②外壁面，$R=r_o/(r_o-r_i)$，$0 \leqslant Z \leqslant h/(r_o-r_i)$

$$U_i'=V_i'=W_i'=0, \varphi_i=0 \tag{3.20a-b}$$

③熔体底部，$r_i/(r_o-r_i) \leqslant R \leqslant r_o/(r_o-r_i)$，$Z=0$

$$U_1'=V_1'=W_1'=0, \frac{\partial \varphi_1}{\partial Z}=0 \tag{3.21a-b}$$

④液封顶部，$r_i/(r_o-r_i) \leqslant R \leqslant r_o/(r_o-r_i)$，$Z=h/(r_o-r_i)$

自由表面： $$W_2'=0, \frac{\mu_2}{\mu_1}\frac{\partial U_2'}{\partial Z}=-\frac{Ma}{Pr}\frac{\gamma_T}{\gamma_{T1\text{-}2}}\frac{\partial \Theta_2}{\partial R}, \frac{\partial \varphi_2}{\partial Z}=0 \tag{3.22a-c}$$

固壁： $$U_2'=V_2'=W_2'=0, \frac{\partial \varphi_2}{\partial Z}=0 \tag{3.23a-b}$$

⑤液-液界面，$r_i/(r_o-r_i) \leqslant R \leqslant r_o/(r_o-r_i)$，$Z=h_1/(r_o-r_i)$

$$U_1'=U_2'=0, V_1'=V_2'=0, W_1'=W_2'=0, \tag{3.24a-c}$$

$$\frac{\partial U_1'}{\partial Z}-\frac{\mu_2}{\mu_1}\frac{\partial U_2'}{\partial Z}=-\frac{Ma}{Pr}\frac{\partial \Theta_1}{\partial R}, \varphi_1=\varphi_2, \lambda_1\frac{\partial \varphi_1}{\partial Z}=\lambda_2\frac{\partial \varphi_2}{\partial Z} \tag{3.24d-f}$$

式(3.14)—式(3.24)便是线性稳定性分析的线性扰动方程和相应的边界条件，这是一组偏微分方程，可以用简正模态法将它化为常微分方程。

3.3.2 简正模态化形式的线性扰动方程

现在用简正模态法将线性扰动方程简正模态化，将各扰动量表示为

$$(U_i', V_i', W_i', P_i', \varphi_i)=(\hat{U}_i, \hat{V}_i, \hat{W}_i, \hat{P}_i, \hat{\varphi}_i)\times\exp(\lambda\tau+im\theta) \tag{3.25}$$

其中，λ 代表与波动有关的量，为复数；m 代表周向波数，取正整数。将式(3.25)所表示的各量代入控制方程和边界条件中，得到简正模态化的线性扰动方程为

$$\frac{\partial \hat{U}_i}{\partial R}+\frac{\hat{U}_i}{R}+\frac{im\hat{W}_i}{R}+\frac{\partial \hat{V}_i}{\partial Z}=0 \tag{3.26}$$

$$\lambda \hat{U}_i+U_{o_i}\frac{\partial \hat{U}_i}{\partial R}+\hat{U}_i\frac{\partial U_{o_i}}{\partial R}+\frac{imW_{o_i}}{R}\hat{U}_i+V_{o_i}\frac{\partial \hat{U}_i}{\partial Z}+\hat{V}_i\frac{\partial U_{o_i}}{\partial Z}-\frac{2W_{o_i}\hat{W}_i}{R}$$

$$\tag{3.27}$$

$$=-\frac{\rho_1}{\rho_i}\frac{\partial \hat{P}_i}{\partial R}+\frac{\nu_i}{\nu_1}\left(\frac{\partial^2 \hat{U}_i}{\partial R^2}+\frac{1}{R}\frac{\partial \hat{U}_i}{\partial R}+\frac{\partial^2 \hat{U}_i}{\partial Z^2}-\frac{m^2}{R^2}\hat{U}_i-\frac{\hat{U}_i}{R^2}-\frac{2im\hat{W}_i}{R^2}\right)$$

$$\lambda \hat{W}_i+U_{o_i}\frac{\partial \hat{W}_i}{\partial R}+\hat{u}_i\frac{\partial W_{o_i}}{\partial R}+\frac{imW_{o_i}}{R}\hat{W}_i+V_{o_i}\frac{\partial \hat{W}_i}{\partial Z}+\hat{V}_i\frac{\partial W_{o_i}}{\partial Z}+\frac{W_{o_i}\hat{U}_i}{R}+\frac{U_{o_i}\hat{W}_i}{R}$$

$$\tag{3.28}$$

$$=-\frac{\rho_1}{\rho_i}\frac{im\hat{P}_i}{R}+\frac{\nu_i}{\nu_1}\left(\frac{\partial^2 \hat{W}_i}{\partial R^2}+\frac{1}{R}\frac{\partial \hat{W}_i}{\partial R}+\frac{\partial^2 \hat{W}_i}{\partial Z^2}-\frac{m^2}{R^2}\hat{W}_i-\frac{\hat{W}_i}{R^2}+\frac{2im\hat{U}_i}{R^2}\right)$$

$$\lambda \hat{V}_i+U_{o_i}\frac{\partial \hat{V}_i}{\partial R}+\hat{U}_i\frac{\partial V_{o_i}}{\partial R}+\frac{imW_{o_i}}{R}\hat{V}_i+V_{o_i}\frac{\partial \hat{V}_i}{\partial Z}+\hat{V}_i\frac{\partial V_{o_i}}{\partial Z}$$

$$\tag{3.29}$$

$$=-\frac{\rho_1}{\rho_i}\frac{\partial \hat{P}_i}{\partial Z}+\frac{\nu_i}{\nu_1}\left(\frac{\partial^2 \hat{V}_i}{\partial R^2}+\frac{1}{R}\frac{\partial \hat{V}_i}{\partial R}+\frac{\partial^2 \hat{V}_i}{\partial Z^2}-\frac{m^2}{R^2}\hat{V}_i\right)+\frac{\beta_i}{\beta_1}Gr\varphi_i$$

$$\lambda \hat{\varphi}_i+U_{o_i}\frac{\partial \hat{\varphi}_i}{\partial R}+\hat{U}_i\frac{\partial \Theta_{o_i}}{\partial R}+\frac{imW_{o_i}}{R}\hat{\varphi}_i+V_{o_i}\frac{\partial \hat{\varphi}_i}{\partial Z}+\hat{V}_i\frac{\partial \Theta_{o_i}}{\partial Z}$$

$$\tag{3.30}$$

$$=\frac{\alpha_i}{\alpha_1}\frac{1}{Pr}\left(\frac{\partial^2 \hat{\varphi}_i}{\partial R^2}+\frac{1}{R}\frac{\partial \hat{\varphi}_i}{\partial R}+\frac{\partial^2 \hat{\varphi}_i}{\partial Z^2}-\frac{m^2}{R^2}\hat{\varphi}_i\right)$$

边界条件如下：

①内壁面，$R=r_i/(r_o-r_i)$，$0\leq Z\leq h/(r_o-r_i)$

$$\hat{U}_i=\hat{V}_i=\hat{W}_i=0,\hat{\varphi}_i=0 \tag{3.31a-b}$$

②外壁面，$R=r_o/(r_o-r_i)$，$0\leq Z\leq h/(r_o-r_i)$

$$\hat{U}_i=\hat{V}_i=\hat{W}_i=0,\hat{\varphi}_i=0 \tag{3.32a-b}$$

③熔体底部，$r_i/(r_o-r_i)\leq R\leq r_o/(r_o-r_i)$，$Z=0$

$$\hat{U}_1 = \hat{V}_1 = \hat{W}_1 = 0, \frac{\partial \hat{\varphi}_1}{\partial Z} = 0 \qquad (3.33\text{a-b})$$

④液封顶部，$r_i/(r_o-r_i) \leqslant R \leqslant r_o/(r_o-r_i)$，$Z=h/(r_o-r_i)$

自由表面：　　　$\hat{W}_2 = 0, \frac{\mu_2}{\mu_1}\frac{\partial \hat{U}_2}{\partial Z} = -\frac{Ma}{Pr}\frac{\gamma_T}{\gamma_{T1\text{-}2}}\frac{\partial \hat{\varphi}_2}{\partial R}, \frac{\partial \hat{\varphi}_2}{\partial Z} = 0 \qquad (3.34\text{a-c})$

固壁：　　　　　$\hat{U}_2 = \hat{V}_2 = \hat{W}_2 = 0, \frac{\partial \hat{\varphi}_2}{\partial Z} = 0 \qquad (3.35\text{a-b})$

⑤液-液界面，$r_i/(r_o-r_i) \leqslant R \leqslant r_o/(r_o-r_i)$，$Z=h_1/(r_o-r_i)$

$$\hat{U}_1 = \hat{U}_2 = 0, \hat{V}_1 = \hat{V}_2 = 0, \hat{W}_1 = \hat{W}_2 = 0, \qquad (3.36\text{a-c})$$

$$\frac{\partial \hat{U}_1}{\partial Z} - \frac{\mu_2}{\mu_1}\frac{\partial \hat{U}_2}{\partial Z} = -\frac{Ma}{Pr}\frac{\partial \hat{\varphi}_1}{\partial R}, \hat{\varphi}_1 = \hat{\varphi}_2, \lambda_1 \frac{\partial \hat{\varphi}_1}{\partial Z} = \lambda_2 \frac{\partial \hat{\varphi}_2}{\partial Z} \qquad (3.36\text{d-e})$$

简正模态化后的线性扰动方程和边界条件包含了小扰动量等随时间的演化规律，它是一个以 λ 为特征值的特征值问题。对系统作稳定性分析的任务就是找出特征值 λ 在物性参数空间中随控制参量 Ma 变化的规律。

式(3.26)—式(3.36)是一组复杂的常微分方程组，可以说无法求其具体解以确定各扰动量随时间的变化关系，因此采用数值计算方法，用有限差分法将控制方程和边界条件离散化，得到一个复广义特征值问题，然后求复广义解特征值问题，确定特征值在物性参数空间随 Ma 数的变化规律，以判断系统的稳定性。

3.4　数值求解特征值问题

3.4.1　线性扰动方程的离散化处理

区域离散化实质上就是用一组有限个离散的点来代替原来的连续空间。将方程作离散化处理，有各种差分格式，如中心差分格式、迎风格式等，选择哪种差分格式,必须根据具体问题具体分析,不恰当的选择将带来计算的失败,得不到具有物理意义的解[127,128]。

针对本书的环形双液层模型,选择了中心差分离散方法,并选取了二维数值模拟采用的非均匀网格。由于获得的简正模态化的线性扰动方程,并且用交错网格对连续性方程和压力项作了适当的处理,因此,可以用中心差分格式将线性扰动方程离散化。经过最终的计算结果证明,所选取的格式是正确的。

由于对称性,只考虑了过轴心的半界面。将液池流体沿径向分为 M 等分,用下角标 j 编号,沿轴向方向分为 N 等分,用下角标 k 编号。为了便于查看,将变量去掉简正模态化时的上角标,并用无量纲字母表示。

离散方程如下:

连续性方程:

$$\frac{U_{j+1,k}-U_{j-1,k}}{2\Delta R_{j,k}}+\frac{U_{j,k}}{R_{j,k}}+\frac{imW_{j,k}}{R_{j,k}}+\frac{V_{j,k+1}-V_{j,k-1}}{2\Delta Z_{j,k}}=0 \tag{3.37}$$

动量方程:

$$\lambda_{j,k}U_{j,k}$$

$$=\left(\frac{\nu_i}{\nu_1}\frac{1}{\Delta R_{j,k}^2}-\frac{\nu_i}{\nu_1}\frac{1}{2R_{j,k}\Delta R_{j,k}}+\frac{U_{0j,k}}{2\Delta R_{j,k}}\right)U_{j-1,k}+\left(-\frac{\rho_1}{\rho_i}\frac{1}{\Delta Z_{j,k}^2}+\frac{V_{0j,k}}{2\Delta Z_{j,k}}\right)U_{j,k-1}-$$

$$\left(\frac{U_{0j+1,k}-U_{0j-1,k}}{2\Delta R_{j,k}}+\frac{\nu_i}{\nu_1}\frac{2}{\Delta R_{j,k}^2}+\frac{\nu_i}{\nu_1}\frac{2}{\Delta Z_{j,k}^2}+\frac{\nu_i}{\nu_1}\frac{m^2}{R_{j,k}^2}+\frac{\nu_i}{\nu_1}\frac{1}{R_{j,k}^2}\right)U_{j,k}+ \tag{3.38}$$

$$\left(\frac{\nu_i}{\nu_1}\frac{1}{\Delta Z_{j,k}^2}-\frac{V_{0j,k}}{2\Delta Z_{j,k}}\right)U_{j,k+1}+\left(\frac{\nu_i}{\nu_1}\frac{1}{\Delta R_{j,k}^2}+\frac{\nu_i}{\nu_1}\frac{1}{2R_{j,k}\Delta R_{j,k}}-\frac{U_{0j,k}}{2\Delta R_{j,k}}\right)U_{j+1,k}-$$

$$\frac{2im}{R_{j,k}^2}W_{j,k}-\frac{U_{0j,k+1}-U_{0j,k-1}}{2\Delta Z_{j,k}}V_{j,k}+\frac{\rho_1}{\rho_i}\frac{1}{2\Delta R_{j,k}}P_{j-1,k}-\frac{\rho_1}{\rho_i}\frac{1}{2\Delta R_{j,k}}P_{j+1,k}$$

$$\lambda_{j,k} W_{j,k}$$

$$
= \left(\frac{\nu_i}{\nu_1} \frac{1}{\Delta R_{j,k}^2} - \frac{\nu_i}{\nu_1} \frac{1}{2\Delta R_{j,k} R_{j,k}} + \frac{U_{0j,k}}{2\Delta R_{j,k}} \right) W_{j-1,k} + \left(\frac{\nu_i}{\nu_1} \frac{1}{\Delta Z_{j,k}^2} + \frac{V_{0j,k}}{2\Delta Z_{j,k}} \right) W_{j,k-1} -
$$

$$
\left(\frac{\nu_i}{\nu_1} \frac{2}{\Delta R_{j,k}^2} + \frac{\nu_i}{\nu_1} \frac{2}{\Delta Z_{j,k}^2} + \frac{\nu_i}{\nu_1} \frac{m^2}{R_{j,k}^2} + \frac{\nu_i}{\nu_1} \frac{1}{R_{j,k}^2} + \frac{U_{0j,k}}{R_{j,k}} \right) W_{j,k} + \tag{3.39}
$$

$$
\left(\frac{\nu_i}{\nu_1} \frac{1}{\Delta Z_{j,k}^2} - \frac{V_{0j,k}}{2\Delta Z_{j,k}} \right) W_{j,k+1} + \left(\frac{\nu_i}{\nu_1} \frac{1}{\Delta R_{j,k}^2} + \frac{\nu_i}{\nu_1} \frac{1}{2\Delta R_{j,k} R_{j,k}} - \frac{U_{0j,k}}{2\Delta R_{j,k}} \right) W_{j+1,k} -
$$

$$
\frac{2im}{R_{j,k}^2} U_{j,k} - \frac{\rho_1}{\rho_i} \frac{im}{R_{j,k}} P_{j,k}
$$

$$\lambda_{j,k} V_{j,k}$$

$$
= \left(\frac{\nu_i}{\nu_1} \frac{1}{\Delta R_{j,k}^2} - \frac{\nu_i}{\nu_1} \frac{1}{2\Delta R_{j,k} R_{j,k}} + \frac{U_{0j,k}}{2\Delta R_{j,k}} \right) V_{j-1,k} + \left(\frac{\nu_i}{\nu_1} \frac{1}{\Delta Z_{j,k}^2} + \frac{V_{0j,k}}{2\Delta Z_{j,k}} \right) V_{j,k-1} -
$$

$$
\left(\frac{\nu_i}{\nu_1} \frac{2}{\Delta R_{j,k}^2} + \frac{\nu_i}{\nu_1} \frac{2}{\Delta Z_{j,k}^2} + \frac{\nu_i}{\nu_1} \frac{m^2}{R_{j,k}^2} + \frac{V_{0j,k+1} - V_{0j,k-1}}{2\Delta Z_{j,k}} \right) V_{j,k} + \tag{3.40}
$$

$$
\left(\frac{\nu_i}{\nu_1} \frac{1}{\Delta Z_{j,k}^2} - \frac{V_{0j,k}}{2\Delta Z_{j,k}} \right) V_{j,k+1} + \left(\frac{\nu_i}{\nu_1} \frac{1}{\Delta R_{j,k}^2} + \frac{\nu_i}{\nu_1} \frac{1}{2\Delta R_{j,k} R_{j,k}} - \frac{U_{0j,k}}{2\Delta R_{j,k}} \right) V_{j+1,k} -
$$

$$
\frac{\rho_1}{\rho_i} \frac{1}{2\Delta Z_{j,k}} P_{j,k+1} + \frac{\rho_1}{\rho_i} \frac{1}{2\Delta Z_{j,k}} P_{j,k-1} - \frac{V_{0j+1,k} - V_{0j-1,k}}{2\Delta R_{j,k}} U_{j,k} + \frac{\beta_i}{\beta_1} Gr \varphi_{j,k}
$$

能量方程：

$$\lambda_{j,k}\Theta_{j,k}$$

$$
\begin{aligned}
=&\left(\frac{\alpha_i}{\alpha_1}\frac{1}{Pr\Delta R_{j,k}^2}+\frac{U_{0_{j,k}}}{2\Delta R_{j,k}}-\frac{\alpha_i}{\alpha_1}\frac{1}{2Pr\Delta R_{j,k}R_{j,k}}\right)\Theta_{j-1,k}+\\[2mm]
&\left(\frac{\alpha_i}{\alpha_1}\frac{1}{Pr\Delta Z_{j,k}^2}+\frac{V_{0_{j,k}}}{2\Delta Z_{j,k}}\right)\Theta_{j,k-1}-\\[2mm]
&\left(\frac{\alpha_i}{\alpha_1}\frac{2}{Pr\Delta R_{j,k}^2}+\frac{\alpha_i}{\alpha_1}\frac{m^2}{PrR_{j,k}^2}+\frac{\alpha_i}{\alpha_1}\frac{2}{Pr\Delta Z_{j,k}^2}\right)\Theta_{j,k}+\\[2mm]
&\left(\frac{\alpha_i}{\alpha_1}\frac{1}{Pr\Delta Z_{j,k}^2}-\frac{V_{0_{j,k}}}{2\Delta Z_{j,k}}\right)\Theta_{j,k+1}+\\[2mm]
&\left(\frac{\alpha_i}{\alpha_1}\frac{1}{Pr\Delta R_{j,k}^2}+\frac{\alpha_i}{\alpha_1}\frac{1}{2Pr\Delta R_{j,k}R_{j,k}}-\frac{U_{0_{j,k}}}{2\Delta R_{j,k}}\right)\Theta_{j+1,k}-\\[2mm]
&\frac{\Theta_{0_{j+1,k}}-\Theta_{0_{j-1,k}}}{2\Delta R_{j,k}}U_{j,k}-\frac{\Theta_{0_{j,k+1}}-\Theta_{0_{j,k-1}}}{2\Delta Z_{j,k}}W_{j,k}
\end{aligned}
\tag{3.41}
$$

边界条件如下：

① 内壁面，$R=r_i/(r_o-r_i)$，$0\leqslant Z\leqslant h/(r_o-r_i)$

$$U_{i_{1,k}}=V_{i_{1,k}}=W_{i_{1,k}}=0,\Theta_{i_{1,k}}=0 \tag{3.42a-b}$$

② 外壁面，$R=r_o/(r_o-r_i)$，$0\leqslant Z\leqslant h/(r_o-r_i)$

$$U_{i_{M,k}}=V_{i_{M,k}}=W_{i_{M,k}}=0,\Theta_{i_{M,k}}=0 \tag{3.43a-b}$$

③ 熔体底部，$r_i/(r_o-r_i)\leqslant R\leqslant r_o/(r_o-r_i)$，$Z=0$

$$U_{1_{j,1}}=V_{1_{j,1}}=W_{1_{j,1}}=0,\frac{\Theta_{1_{j,2}}-\Theta_{1_{j,1}}}{\Delta Z_{j,1}}=0 \tag{3.44a-b}$$

④ 液封顶部，$r_i/(r_o-r_i)\leqslant R\leqslant r_o/(r_o-r_i)$，$Z=h/(r_o-r_i)$

自由表面：
$$W_{2_{j,N}}=0,\frac{\mu_2}{\mu_1}\frac{U_{2_{j,N}}-U_{2_{j,N-1}}}{\Delta Z_{j,N}}=-\frac{Ma}{Pr}\frac{\gamma_T}{\gamma_{T1-2}}\frac{\Theta_{2_{j+1,N}}-\Theta_{2_{j-1,N}}}{2\Delta R_{j,N}} \tag{3.45a-b}$$

固壁：
$$U_{2_{j,N}}=V_{2_{j,N}}=W_{2_{j,N}}=0,\frac{\Theta_{2_{j,N}}-\Theta_{2_{j,N-1}}}{\Delta Z_{j,N}}=0 \tag{3.46a-b}$$

⑤ 液-液界面，$r_i/(r_o-r_i)\leqslant R\leqslant r_o/(r_o-r_i)$，$Z=h_1/(r_o-r_i)$

$$U_{\mathrm{KI}}=0\,,V_{\mathrm{KI}}=0\,,W_{\mathrm{KI}}=0 \tag{3.47a-c}$$

$$\frac{U_{j,\mathrm{KI}}-U_{j,\mathrm{KI}-1}}{\Delta Z_{j,\mathrm{KI}}}-\frac{\mu_2}{\mu_1}\frac{U_{j,\mathrm{KI}+1}-U_{j,\mathrm{KI}}}{\Delta Z_{j,\mathrm{KI}}}=-\frac{Ma}{Pr}\frac{\Theta_{j+1,\mathrm{KI}}-\Theta_{j-1,\mathrm{KI}}}{2\Delta R_{j,\mathrm{KI}}} \tag{3.47d}$$

$$\Theta_{j,\mathrm{KI}}=\Theta_{j,\mathrm{KI}+1}\,,\ \lambda_1\frac{\Theta_{j,\mathrm{KI}}-\Theta_{j,\mathrm{KI}-1}}{\Delta Z_{j,\mathrm{KI}}}=\lambda_2\frac{\Theta_{j,\mathrm{KI}+1}-\Theta_{j,\mathrm{KI}}}{\Delta Z_{j,\mathrm{KI}}} \tag{3.47e-f}$$

至此,建立起了离散化方程,它是一个复广义特征值问题。

$$Ax=\lambda Bx,x\in C^{n} \tag{3.48}$$

其中,λ 为其特征值,一般为复数,$\lambda=\lambda_{\mathrm{R}}+\mathrm{i}\lambda_{\mathrm{I}}$,$A$,$B$ 是具有复元素的复矩阵,n 为节点数,x 为特征向量,包含所取节点上的未知速度、温度和压力值的特征向量。

3.4.2　数值求解特征值问题

现在的任务是求解复广义特征值问题。对系统作稳定性分析的过程为:选定参数 μ^*,κ^*,ρ^*,ν^*,α^* 和 Pr,同时给定波数 m,求解不同 Marangoni 数下系统的最大实部特征值。当系统实部为零的 Marangoni 数,就是给定波数下的临界 Marangoni 数,记为 Ma_{c}。Ma 比 Ma_{c} 大,则波数为 m 的微小扰动将随时间增加,系统将失稳。因扰动形式多种多样,可以是各种波数的扰动(即各种波长的扰动),给定参数 μ^*,κ^*,ρ^*,ν^*,α^*,Pr 下的临界 Marangoni 数应对所有 m 进行考察,为 $Ma^*(m)$ 中的最小值,故临界 Marangoni 数 Ma_{c} 定义为

$$Ma_{\mathrm{c}}(\mu^*,\kappa^*,\rho^*,\nu^*,\alpha^*,Pr)=\min_{\lambda}Ma^*(\mu^*,\kappa^*,\rho^*,\nu^*,\alpha^*,Pr)$$

超过这一临界 Marangoni 数,系统将失稳。显然,稳定性分析的关键是求解复广义特征值问题。

(1)广义特征值问题的主要解法简介

按求解特征值个数来划分特征值问题的解法可分为求解全部特征值与求解部分特征值两种方法[129,130]。

1)求全部特征值

①化为标准特征值问题。在求解广义特征值问题的全部特征值时,若 A,B

中至少有一个非异,那么可以化为标准特征值问题,如 B 非异,则 $Ax = \sigma Bx$ 可化为 $B^{-1}Ax = \sigma x$,再用 QR 算法求解。QR 算法求解特征值问题时,在求逆过程中要破坏矩阵的带状结构,失去稀疏性,求逆的性态很差,化为标准特征值问题时,可能带来很大的误差,对稀疏矩阵的特征值求解不宜采用这一方法。

②直接求解。QZ 算法是一种不通过求逆,不化为标准特征值问题的方法,它很好地解决了上面提到的问题。其解决方法是设法把 A 和 B 化为上三角形式(实际上 A 是准三角形式,这并没有什么实质性的差别),然后 $A - \sigma B$ 的特征值就由 A 和 B 的对角线元素的比给出。如果 B 矩阵对角线元素为零,这时可认为特征值是无穷大。QZ 算法是一种不通过求矩阵的逆,不化为标准特征值问题的方法,但求解过程中需要计算所有的特征值,对大型矩阵的求解并不适用。

2)求部分特征值

有些物理问题,并不需要知道全部特征值,而只关心某个或某些特征值的情况,这时便没有必要求解全部特征值,特别对大型矩阵问题,如矩阵阶数上万的,求解全部特征值代价更高。

①Checyshev 展开法。Checyshev 展开法对矩阵小阶数情况下是有效的,它非常适合寻找参数空间的实部与虚部,但当矩阵的阶数很大时,Checyshev 展开法的工作量也变得非常大。Madruga 等[19,77]正是采用经过优化的 Checyshev 方法对矩形腔双层流体的热毛细对流进行线性稳定性分析。

②逆迭代法。逆迭代法是求解广义特征值问题的部分特征值的一种有效方法。这种方法特别适于求解带型矩阵的广义特征值问题的部分特征值和特征向量,它保持了带型结构。逆迭代法属于幂迭代法的一种。Ermakov 等[131]、石万元等[132]与 Gelfgat 等[133,134]就曾用此方法对环形液层不同流体工质在常重力、微重力、坩埚旋转等情况下的流动进行线性稳定性分析。

逆迭代法不改变矩阵的稀疏性,可以节约存储量和运算工作量,它最为有利的特性是能线性收敛到矩阵的最大特征值及相应特征向量。逆迭代法的缺点是:

a. 通常只能求解最大特征对,不能求解重特征值问题。

b. 由于占优比 $|\lambda_{\rho+1}|/|\lambda_\rho|$($\rho$ 为所计算到的阶次),高阶次遇到收敛性难的问题。

c. 随着阶次的升高,计算时间会变得相当长。

③Krylov 子空间方法。Krylov 子空间方法是近年来大型线性方程组和特征值问题求解领域的重大研究成果。Krylov 子空间方法的原理是把一个大型矩阵通过正交投影为一个 K 维(通常大大小于原来的矩阵阶次)Krylov 子空间,再通过某种约束意义下(如方程的残差与子空间正交:Arnoldi 方法、隐式重启动 Arnoldi 方法 IRAM;或令残差的范数最小:精化 Arnoldi 方法)求得原问题的近似解。应用 Krylov 子空间解决非对称矩阵特征值问题的方法就是所谓的 Arnoldi 方法。Liu 等[78] 用 Arnoldi 方法对环形双液层下部加热的热毛细对流进行了线性稳定性分析。对 n 阶矩阵 A,它的算法思想概括为:A_n→Arnoldi 分解→正交矩阵→约化为上 Hessenberg 矩阵→求此 Hessenberg 矩阵的特征值。Arnoldi 方法的缺点是:计算过程中需要存储基向量,随着 Krylov 子空间维数的增大,存储量会变得很大,并且舍入误差的累计会降低数值计算的稳定性。

④隐式重启动 Arnoldi 迭代法(IRAM 法)。在实际工程中所求特征值通常有些特殊的性质。例如,为了稳定性分析要求 k 个实部最大的特征值,或在复平面上靠近某个点的特征值。通常,随着子空间维数 m 的增大,Ritz 对会逼近特征对。但实际计算中,m 可能要非常大时,Ritz 对才满足精度要求,可以通过重启动来解决这一问题。当在一个子空间中用投影类方法求解矩阵的特征值问题时,若该子空间中含有所求特征向量的信息越丰富,则收敛速度越快,这就是选择"重新启动"方式的原则之一。当期望对特征向量有更多的了解时,就用特征向量的线性组合更新启动向量,重新启动 Arnoldi 分解。基本思路是当 Krylov 子空间维数达到一设定值时,如果 Ritz 对仍不收敛,就重新构造"启动矢量"。用新的矢量来重新计算 Arnoldi 分解。

1992 年 Soresen 提出的隐式重启动方法,被公认为是最有效的重开始技术之一。它是一种基于隐式 QR 位移分解的简便和稳定的方法,不用显示计算 Arnoldi 分解。IRAM 算法的优势在于:把一个大型的稀疏矩阵(带状矩阵,阶数 为 n)正交投影为一个远小于其矩阵阶数的上 Hessenberg 矩阵(阶数为 k),这一 过程体现了空间节省的优点;通过求此小矩阵的特征值与特征向量,再经过重 启动迭代技术,收敛得到近似于原矩阵的特定特征值,这一过程体现了空间节 省、提高收敛精度、缩短收敛时间的优点。

目前,IRAM 因其合适求解大型矩阵特征值问题,且有精度高、计算时间短 的优点,在相近领域如电力的动力系统稳定性分析、核科学中子输运特性等研 究中得以应用,但在晶体材料生产过程中的流动稳定性分析研究中还未见 报道。

(2)计算方法的确定

稳定性分析的根本任务是要在参数 $Pr, m, \mu, \alpha, \gamma_T$ 等取定后,确定特征值第 一次跨过虚轴所对应的 Marangoni 数,通过一连续增加 Ma 的过程,实现临界 Marangoni 数的确定,即在 $\mu^*, \kappa^*, \rho^*, \nu^*, \alpha^*, Pr$ 等取定后,取一足够小的 Ma_0 作为初值,令 $Ma = Ma_0$。计算系统实部最大特征值 $\lambda_{\max}$,视其实部 $\mathrm{Real}(\lambda_{\max})$ 是 否大于 0,并增加 Ma 重新计算。如此记录特征值,在最大特征值为零的交界处 便可以得到临界 Marangoni 数。

显然,并不计算全部特征值,而是计算所关心的主导特征值。由于上述矩 阵为带型矩阵,因此选用 IRAM 法。ARPACK 软件包是基于隐式重启动 Arnoldi 方法的 Fortran77 子程序的集合。该软件使用 $n \cdot O(k) + O(k^2)$ 的存储开销计算 满足用户要求的 k 个特征值,这包括具有最大实部、最大虚部或最大模的特征 值。因为低存储和计算需求,这种技术适合大规模特征问题[144,145]。

3.5 程序正确性及网格收敛性验证

为了检验程序的正确性和网格的收敛性,在环形单液层与环形双液层系统分别作了相关验证。在环形单液层系统中,在与文献[41,53]相同的条件及计算网格下进行了线性稳定性计算,计算结果与文献的结果非常接近,说明程序是正确的。在环形双液层系统中,当网格增加至 $100^R \times 40^Z$ 时,计算的临界 Marangoni 数、临界相速度和临界波数值基本不再变化,同时计算结果与文献[23]的结果非常接近,说明程序是正确的,网格是收敛的。

3.6　本章小结

本章首先通过引入微小扰动量,建立了描述两不相溶混的上部为固壁的环形腔与有自由表面的环形池内双层流体的热毛细对流的线性扰动方程。在此基础上,用有限差分方法离散线性扰动方程,经仔细推导,得到了离散化方程组及边界条件,该方程组构成了一个复广义特征值问题。

针对问题的特点采用隐式重启动 Arnoldi 迭代法,以保持矩阵的带型结构,通过编程计算求解。同时,在单液层与双液层系统中对程序的正确性及网格的独立性进行了验证。

第4章　上固壁的环形双液层热毛细对流稳定性

4.1　概　述

　　浮力驱动的对流消失,可以获得一个相对理想的静态生长体系,热量和质量运输均被抑制,生长过程变成受限于扩散过程,这样的体系非常适合研究晶体生长、缺陷形成和溶质分凝,并且适合验证有关晶体生长机理的理论模型。在微重力环境下,浮力引起的自然对流将会消失,此时热毛细对流将占据主导作用。为了认清熔体热毛细对流的温度场和流场的基本特性,本章结合二维数值模拟与线性稳定性分析方法,针对上固壁的环形双液层中5cSt硅油/HT-70、B_2O_3/蓝宝石熔体的热毛细对流稳定性进行研究,得到双层系统的流动特性、流动失稳的无量纲临界参数以及预测液-液界面的温度波动流形。选用此两组工质对,分别对应了半导体硅及蓝宝石晶体生长中常见的工质对组合,可望从双液层中等Prandtl数(以下简称"Pr数")工质对、高Pr数工质对流动稳定性对比出发,拓展双液层非平衡热力学理论。工程上,找出提高半导体硅、蓝宝石晶体液封提拉法生长中流动稳定性的临界参数,帮助节能降耗并生长高质量的晶体。

4.2　5cSt 硅油／HT-70

5cSt 硅油／HT-70 工质对的物性参数请见附录。为了获取流动从二维稳态向非稳态流动情况转变的临界参数值,可以采用数值模拟插值法或线性稳定性分析两种方法去寻找失稳的临界参数。对双液层系统采用数值模拟,需要的计算时间较长,并且需要求解至少 3 组以上的数值模拟结果才能开展插值法。在开展数值模拟之前,可以利用线性稳定性分析计算获得该工况下的临界失稳参数,其中可得出该工况的边际稳定性曲线。边际稳定性曲线将 Ma-m 平面分为两个区域,在曲线上方区域系统是不稳定的,而曲线下方区域系统是稳定的。曲线的最小值点所对应的 Marangoni 数即为临界 Marangoni 数 Ma_c,此时对应的波数为临界波数 m_c。有时线性稳定性分析的结果会得出多条边际稳定性曲线,在多条边际稳定性曲线中,预示着系统流动会出现流动转换现象。当然,最下边的边际稳定性曲线对应着系统最易失稳的临界值。要了解失稳形态,需要进一步计算边际 Marangoni 数和临界波数下的复广义特征值,则可获得波动传播角、传播速度等失稳流动特性,进一步获得液-液界面处的温度振荡形式,预测出流动流形。针对半径比 $\Gamma=0.2$、径深比 $\eta=0.1$ 时,下液层厚度与总液层厚度比 $\varepsilon=0.5$ 的线性稳定性分析,如图 4.1 所示,此线性稳定性分析结果只获得了一条边界中性稳定曲线,随着 m 的增加,边际 Marangoni 数 Ma_c 先减小,从 $m=5$ 对应的 Marangoni 数 1.25×10^8 减小到 $m=31$ 时的极小值 9.1×10^6,然后 Marangoni 数随着 m 的增加而增加。说明在此条件下,双液层系统在 $Ma < 9.1 \times 10^6$ 时,流动是二维稳态的,当 $Ma > 9.1 \times 10^6$ 时,流动发生失稳。此时计算特征值发现,流动失稳形态为轮辐状的"热流体波",传播无量纲速度 $\omega_1 = 0.012$,传播角度 $\varphi = 55.63°$,如图 4.2 所示。此种热流体波在单液层的硅油系统中曾多次发现[31]。

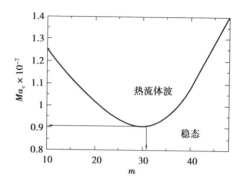

图 4.1　上部为固壁时微重力条件下 5cSt 硅油/HT-70 的边际稳定性曲线,$\Gamma=0.2$、

$\varepsilon=0.5$、$\eta=0.1$

Fig.4.1 Marangoni number at the marginal stability limit as a function of the wave number m for

5cSt and HT-70 at $\Gamma=0.2, \varepsilon=0.52, \eta=0.1$

图 4.2　$\eta=0.1, \varepsilon=0.5$ 和 $\Gamma=0.2$ 时微重力条件下的液-液界面温度波动形式

第一类热流体波:$Ma_c=9.10\times10^6$、$m_c=31$、$\omega_1=0.012$、$\varphi=55.63°$

Fig.4.2 Interface temperature disturbance pattern at $\eta=0.1, \varepsilon=0.5, \Gamma=0.2$ under microgravity

condition. HTW1:$Ma_c=9.10\times10^6$、$m_c=31$、$\omega_1=0.012$、$\varphi=55.63°$

为了了解双液层系统 $R\text{-}Z$ 截面的流动特性,可采用二维数值模拟的方法计算不同 Marangoni 数对流动的影响。首先,选择液-液界面,以及 $R=0.75$ 处作为监测点,分别计算 $Ma=8.0\times10^4$、$Ma=8.0\times10^5$、$Ma=2.4\times10^6$ 3 个不同 Marangoni 数下液-液界面的速度和温度分布图,以及径向监测点处的速度和温度分布图。从数值模拟选取的 3 个 Marangoni 数看,它们都小于失稳临界 Marangoni 数,此对应的流动都属于稳态流动。图 4.3(a)和(b)分别给出了 $\Gamma=0.2$ 和 $\varepsilon=0.5$

时,不同 Marangoni 数下液-液界面和 $R=0.75$ 处的径向速度和温度分布的比较。可以看到近冷壁处较大的界面温度梯度引起了冷壁附近液-液界面处较快的热毛细流动[图 4.3(a)]。当 Ma 数较小时,液-液界面上速度很小,此时的流动很弱,随着 Ma 数的增大,液-液界面上的速度增大、温度升高,此时对应的径向 U 最大值接近$-1\ 200$。随着位置越向外径移动,界面上的径向速度迅速减小,稳定在-150 之内。在近热壁处,温度梯度较界面中部温度梯度增大,径向速度较小幅度地加快。检测点获得的速度分布与温度分布如图 4.3(b)所示,垂向速度与温度都随着 Ma 数的增大而增大,在 Z 方向上速度曲线几乎呈对称分布,温度变化上,由于下层流体的导热系数较小,所以温度变化较上层流体大些。

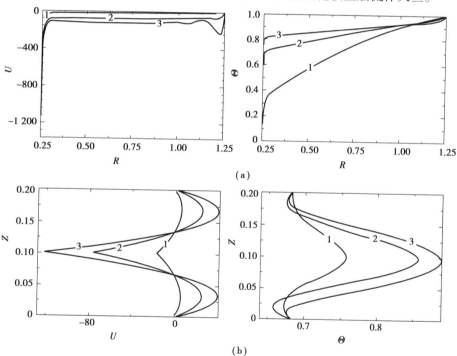

图 4.3　$\Gamma=0.2$ 和 $\varepsilon=0.5$、$\eta=0.1$ 时液-液界面(a)与 $R=0.75$ 处(b)的径向速度与温度分布

1: $Ma=8.0\times10^4$,2: $Ma=8.0\times10^5$,3: $Ma=2.4\times10^6$

Fig. 4.3 The distributions of radial velocity and temperature at the interface

(a)and the section of $R=0.75$ (b)for the case of $\Gamma=0.2$ and $\varepsilon=0.5$,$\eta=0.1$

1: $Ma=8.0\times10^4$,2: $Ma=8.0\times10^5$,3: $Ma=2.4\times10^6$

为了直观地获得失稳之后 R-Z 截面的流动特征,采用二维数值模拟获得了 R-Z 截面的流函数分布。如图 4.4 所示为微重力条件下,$\Gamma=0.2$、$\varepsilon=0.5$ 和 $Ma=9.6\times10^6$ 时一个周期内的等流函数线的分布变化。当 Marangoni 数大于临界值后,流动失稳,冷壁附近产生温度振荡,附加流胞在温度梯度最大的冷壁附近产生,在振荡过程中不断地与其前面的流胞结合,然后一起向热壁方向振荡,在振荡过程中,流胞的形式与强度不断变换,上、下流体层中都出现了多胞结构。

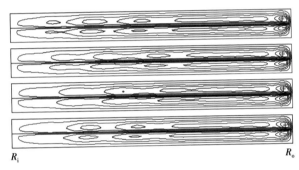

图 4.4　上部为固壁时微重力条件下等流函数线,$\Gamma=0.2$、$\varepsilon=0.05$、$\eta=0.1$、

$Ma=9.6\times10^6$、$\delta\Psi=\Psi_{\max}/10$

Fig. 4.4 Streamlines of hydrothermal waves in 5cSt and HT-70 at $\Gamma=0.2$, $\varepsilon=0.05$, $\eta=0.1$,

$Ma=9.6\times10^6$, $\delta\Psi=\Psi_{\max}/10$

4.3　B_2O_3/蓝宝石熔体

液封提拉法生长蓝宝石晶体多采用 B_2O_3 作为液封流体,蓝宝石熔体为高 Pr 数流体,它们所组成的双液层系统所表现出来的新的流动特性需要进一步探索。蓝宝石熔体与 B_2O_3 的物性参数同文献[19,111],表面张力系数 γ 采用滴液法插值求得,见表 4.1。

首先,对半径比 $\Gamma=0.2$ 和径深比 $\eta=0.1$ 时,下液层厚度与总液层厚度比 $\varepsilon=0.5$ 的 B_2O_3/蓝宝石熔体开展线性稳定性分析,获得边际稳定性曲线,如图

4.5 所示。通过边际稳定性曲线可知，在 Ma-m 平面上有两条边际稳定性曲线，对应有两条边际稳定性曲线的极小值，说明在这样的几何条件下，双液层系统出现了流动分岔现象。分别对应的两个极小值显示，临界 Marangoni 数 $Ma_{c1} = 1.224 \times 10^6$，临界波数 $m_{c1} = 25$，临界 Marangoni 数 $Ma_{c2} = 4.528 \times 10^6$，临界波数 $m_{c2} = 9$。代入临界 Marangoni 数与临界波数，求解目标特征根，可以获得流动形态特征，当 $1.224 \times 10^6 < Ma_c < 4.528 \times 10^6$ 时，双液层系统为三维稳态流动（3DSF），其流动特征表现为自冷壁处出发，径向夹角为 0 的径向波纹。从数值模拟可以获得 R-Z 截面流动的特征，如图 4.6 所示为微重力条件下，$\Gamma = 0.2$、$\varepsilon = 0.05$ 和 $Ma = 4.0 \times 10^6$ 时，一个周期内的等流函数线的分布变化规律。从数值模拟结果与同样几何条件下的 5cSt 硅油/HT-70 的流动特性对比看，B_2O_3/蓝宝石熔体系统中上、下液层出现了两个反向旋转的流胞，而在 5cSt 硅油/HT-70 系统中，每个液层出现了多个同向旋转的流胞。而且流胞流动的方向，在 5cSt 硅油/HT-70 系统中，它们是从冷壁向热壁处流动，而在 B_2O_3/蓝宝石熔体系统中，则是先从冷壁向热壁处扩展，两个不同旋向的流胞融合在一起后，变成一个流胞，该流胞又从热壁向冷壁扩展，同时其流动的强度减弱。待冷壁处新的、强度更大的流胞又出现并向冷壁处流动后，又出现反向旋转的流胞。

表 4.1　蓝宝石熔体与 B_2O_3 的物性参数

Fig. 4.1　Physical properties of sapphine melt and B_2O_3

物体参数/流体	B_2O_3	Al_2O_3	B_2O_3/Al_2O_3
ρ /（kg·m^{-3}）	1 648	3 030	0.544
ν /（10^{-6}m^2·s^{-1}）	2 366.5	18.8	125.88
λ /［J·(m·K)$^{-1}$］	2.0	2.05	0.976
c_p /［J·(kg·K)$^{-1}$］	13.48	1 260	0.011
α /（10^{-3}K^{-1}）	0.09	0.000 5	180
γ /［N·(m·K)$^{-1}$］	—	—	-0.407×10^{-3}
μ /［kg·(m·s)$^{-1}$］	3.9	0.057	68.42
Pr	26.29	35.03	—

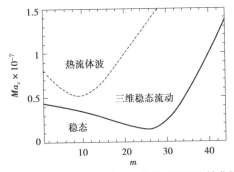

图 4.5　上部为固壁时微重力条件下的 B_2O_3/蓝宝石熔体边际稳定性曲线，$\Gamma=0.2$、$\varepsilon=0.5$、$\eta=0.1$

Fig. 4.5 Marangoni number at the marginal stability limit as a function of the wave number

m for B_2O_3/Sapphire melt at $\Gamma=0.2$, $\varepsilon=0.5$, $\eta=0.1$

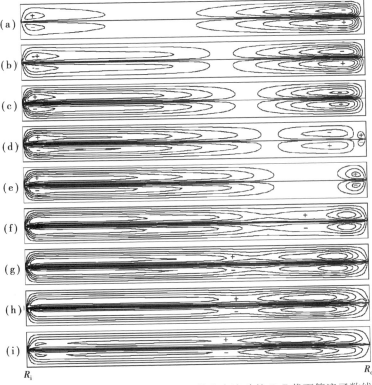

图 4.6　上部为固壁时微重力条件下三维稳态流动的 R-Z 截面等流函数线，

$\Gamma=0.2$、$\varepsilon=0.52$、$\eta=0.1$、$Ma=4.0\times10^6$、$\delta\Psi=\Psi_{max}/10$

Fig. 4.6 Streamlines of 3DSF in B_2O_3 and sapphire melt at $\Gamma=0.2$, $\varepsilon=0.52$, $\eta=0.1$,

$Ma=4.0\times10^6$, $\delta\Psi=\Psi_{max}/10$

　　为进一步了解这种流动失稳在液-液界面的温度波动,采用线性稳定性分析获得的液-液界面温度波动如图 4.7 所示。一开始,径向波从冷壁处生成,逐渐向热壁处扩展,并且在扩展的过程中,流函数逐渐增强。蓝宝石熔体 Pr 数较大,流动黏性阻力大,流胞延展至径向的 2/3 处受热壁处另一个方向相反流胞的阻挡而停顿。此时,上、下液层都各自占据着一对反向旋转的流胞,如图 4.7 (a)—(c)所示。由于热毛细力的拽引作用,在径向波扩展至径向 2/3 处,热壁处生出同向旋转的流胞,如图 4.7(d)所示。随着时间的推移,由于冷壁扩展的流胞与热壁扩展流胞旋转方向相同,互相抗衡,彼此都不再在径向移动,并且热壁处这个同向旋转流胞的强度继续增大,逐渐强于冷壁处扩展的流胞,并与冷壁处的流胞相连,使得同液层只有一个径向流动的流胞,如图 4.7(e)所示。

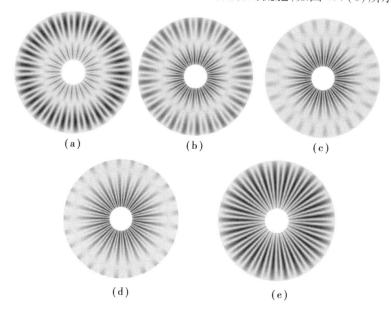

图 4.7　微重力条件下三维稳态流动液-液界面温度波动图,$\varGamma = 0.2$、$\eta = 1.0$、$\varepsilon = 0.5$.
$$Ma_c = 1.224 \times 10^6, m_{c1} = 25, \omega_1 = 0.028, \varphi = 0°$$

Fig. 4.7 Interface temperature disturbance pattern of 3DSF under microgravity condition.
$$\varGamma = 0.2, \eta = 1.0, \varepsilon = 0.5.\ Ma_c = 1.224 \times 10^6, m_{c1} = 25, \omega_1 = 0.028, \varphi = 0°$$

　　然而,这一融合的同向旋转的大流胞并未持续占据整个液层。随着

Marangoni 数增大至 $Ma > 4.528 \times 10^6$ 时，出现流动分岔，此时流动为"热流体波"，其边际稳定性曲线如图4.5中的虚线线条所示。为了进一步了解蓝宝石/B_2O_3 工质对的流动分岔特征，采用线性稳定性分析获得了流动失稳临界参数，以及液-液界面的流动波动形式。如图4.8所示，当 $\Gamma = 0.2$、$\varepsilon = 0.5$ 和 $Ma = 4.528 \times 10^6$ 时，从热壁处发出的轮辐状的热流体波以径向夹角 $\varphi = 23.89°$ 向冷壁处扩展，大约扩展到径向距离的1/5处，波数为9。这种波形与上固壁5cSt硅油/HT-70的热毛细对流出现的流动失稳流型"第二类热流体波"相似，都位于靠近热壁处，不同的是这里的热流体波有径向夹角。

图4.8　上部为固壁时微重力条件下 B_2O_3/蓝宝石熔体的液-液界面温度波动，

$\Gamma = 0.2$、$\varepsilon = 0.5$、$\eta = 0.1$、$Ma = 4.528 \times 10^6$、$\varphi = 23.89°$、$\omega = 2.247$

Fig. 4.8 Interface temperature disturbance pattern in B_2O_3 and sapphire melt at $\Gamma = 0.2, \varepsilon = 0.5,$

$\eta = 0.1, Ma = 4.528 \times 10^6, \varphi = 23.89°, \omega = 2.247$

为了进一步揭示这种失稳机制的产生机理，通过二维数值模拟得到了 $\Gamma = 0.2$、$\varepsilon = 0.5$ 和 $\eta = 0.1$ 时两种不同 Marangoni 数下的液-液界面径向速度与温度分布，如图4.9(a)、(b)所示，以及监测点 $R = 0.5$ 处的经向速度与温度分布，如图4.9(c)、(d)所示。当 $Ma = 8.0 \times 10^3$ 时，此时 Marangoni 数小于临界 Marangoni 数 $Ma_{c1} = 1.224 \times 10^6$，流动为二维稳态流动，从图4.9(a)可知，液-液界面的径向速度 U 为负值，并且在近冷壁处温度梯度最大，这个速度绝对值的最大值出现在此处，如图4.9(b)所示。正是径向的温度梯度促使热毛细力的产生,并且在近冷壁处的温度梯度越大,流动速度的变化也越大,系统的不稳定性在这个区域也越强。随着 Marangoni 数增大到 $Ma = 8.0 \times 10^6$,超过临界值 $Ma_{c2} = 4.528 \times 10^6$,此时产生了轮辐状的热流体波。如图 4.9(a)、(b) 所示展示了液-液界面径向速度和温度分布,可知径向速度和温度分布与硅熔体的双液层系统分布特征相似,只是因为施加的 Marangoni 数不同,所以径向速度值要比 5cSt 硅油/HT-70 系统小 5 个数量级。径向速度在垂向的分布特征与硅熔体的双液层系统的分布特征相似,基本以液-液界面为界,上液层与下液层的速度呈对称分布。然而,垂向的温度分布却有较大的差异,在 B_2O_3/蓝宝石熔体系统的下液层,温度分布约呈线性分布,且靠近液-液界面比靠近底壁的温度要高。

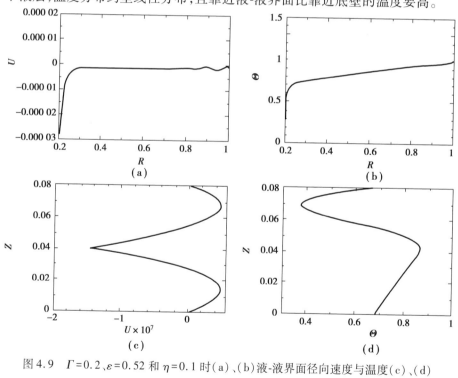

图 4.9　$\Gamma = 0.2$、$\varepsilon = 0.52$ 和 $\eta = 0.1$ 时(a)、(b) 液-液界面径向速度与温度(c)、(d)
$R = 0.5$ 的径向速度与温度

Fig. 4.9 The distributions of radial velocity and temperature (a)(b) at the liquid-liquid interface
(c)(d) at the section of $R = 0.5$ for the case of $\Gamma = 0.2, \varepsilon = 0.52, \eta = 0.1$

B_2O_3/蓝宝石熔体系统中,微重力条件下出现流动分岔现象,界面温度波动形式有两种:第一种是三维稳态流动;第二种是热流体波。与5cSt硅油/HT-70系统进行对比,可以发现,在相同几何条件下,B_2O_3/蓝宝石熔体系统更容易失稳,并且在 $\varepsilon = 0.5$ 条件下,出现了流动分岔现象。这与蓝宝石熔体是高 Pr 数流体有关,在数值计算中,Pr 数升高,所需要花费的计算周期大大延长,为了丰富中等 Pr 数双液层系统的流动稳定性研究,还需要后期继续丰富不同半径比、液层深宽比、下液层厚度与双液层总厚度比条件下的研究结果。

4.4　本章小结

本章对水平温度梯度作用下上部为固壁的环形双液层的热毛细对流的稳定性进行了研究,确定了半径为 $\Gamma = 0.2$、深度比 $\eta = 0.1$、下液层厚度与总厚度比 $\varepsilon = 0.5$ 下的 5cSt 硅油/HT-70,以及 B_2O_3/蓝宝石熔体工质对的临界 Marangoni 数、临界波数 m 与临界相速度 ω,获得了 R-Z 界面的流函数、温度分布图,预制了失稳之后液-液界面上的温度波动型态,结果发现:

①5cSt 硅油/HT-70 系统中,微重力条件下,只存在一条边际稳定性曲线,即知识一种失稳型态:轮辐状的热流体波。

②微重力条件下,B_2O_3/蓝宝石熔体工质对存在两条边际稳定性曲线,第一种流动失稳是径向的三维稳态流动,第二种流动失稳是靠近热壁处的热流体波。

③从流动失稳临界值的对比来看,5cSt 硅油/HT-70 系统的临界失稳 Marangoni 数为 9.1×10^6,B_2O_3/蓝宝石熔体系统的失稳临界值为 1.224×10^6,在微重力情况下,B_2O_3/蓝宝石熔体系统比 5cSt 硅油/HT-70 系统更易失稳,这是因为 B_2O_3/蓝宝石熔体系统中,液-液界面处的热毛细对流较同样几何条件下的 5cSt 硅油/HT-70 系统更强烈。

第 5 章　上固壁的环形双液层浮力-热毛细对流稳定性

5.1　概　述

在地面条件下,晶体生长过程受浮力引起的自然对流与液-液界面处的热毛细对流的共同影响,其流动特征及流动失稳机制与微重力条件下的双液层系统有所不同。为了认清上固壁条件下环形双液层流体的浮力-热毛细对流温度场和流场的基本特性,本章通过线性稳定性分析与数值模拟,获得了系统流动失稳的各无量纲临界参数、R-Z 截面的流动特性,预测失稳后的液-液界面温度波动流型。

5.2　5cSt 硅油/HT-70

为了获取流动从二维稳态向非稳态流动情况转变的临界参数值,同第 4 章情况类似,针对半径比 $\Gamma=0.2$ 和径深比 $\eta=0.1$ 时,下液层厚度与总液层厚度比 $\varepsilon=0.52$ 环形双液层的 5cSt 硅油/HT-70,先利用线性稳定性分析获得的边际稳定性曲线,如图 5.1 所示。通过计算发现,对应于该几何条件下的 5cSt 硅油/HT-70 系统,只有一条边际稳定性曲线,且失稳流动流形是轮辐状的"热流体波"，此失稳类型与微重力条件下的同种几何条件的 5cSt 硅油/HT-70 系统相似，只是失稳的临界 Marangoni 数、临界波数等参数发生了变化。此时对应的临界 Marangoni 数 $Ma_c = 1.408 \times 10^6$，临界波数 $m_c = 24$。与图 4.1 的边际稳定性曲线的 $Ma_c = 9.1 \times 10^6$ 相比，重力条件下的临界值比微重力条件下的小很多，这说明浮力减弱了双液层流体的流动稳定性，对应于临界 Marangoni 数的降低，其相应的临界波数也降低了，从波数 31 下降到 24。但是传播角度的变化不大，传播方向与径向的夹角从 55.63° 增大到 63.64°。用线性稳定性分析获得流动失稳后其液-液界面的温度波动形式，如图 5.2 所示。在此 Marangoni 数作用下，轮辐状的热流体波没有扩展到外壁处，仅是扩展到径向 4/5 处，这与 Marangoni 数的大小有关，当 Marangoni 数逐渐加大超过临界 Marangoni 数，则流动范围会更广，扩展到近热壁处。

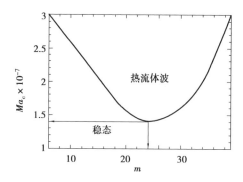

图 5.1　上部为固壁时常重力条件下 5cSt /HT-70 的边际稳定性曲线，$\Gamma = 0.2$、$\varepsilon = 0.5$、$\eta = 0.1$

Fig. 5.1 Marangoni number at the marginal stability limit as a function of the wave number

m for 5cSt and HT-70 at $\Gamma = 0.2$, $\varepsilon = 0.52$, $\eta = 0.1$

为了了解 Marangoni 数对流动的影响，分别计算了 3 个不同 Marangoni 数下液-液界面的速度和温度分布，以及径向监测点的速度和温度分布，如图 5.3(a) 和(b)所示分别给出了 $\Gamma = 0.2$ 和 $\varepsilon = 0.5$ 时，不同 Marangoni 数下液-液界面和 $R = 0.75$ 处的径向速度和温度分布的比较。与微重力情况下的液-液界面的速度情况相类似，重力条件下，双液层液-液界面处的最大速度位于冷壁附近，与界面温度梯度最大值位于近冷壁处相对应[图 5.3 (a)]。当 Ma 数较小时，液-

图 5.2　$\eta=0.1$、$\varepsilon=0.5$ 和 $\Gamma=0.2$ 时常重力条件下的液-液界面温度波动形式.

第一类热流体波：$Ma_c=1.408\times10^6$，$m_c=24$，$\omega_1=0.34$，$\varphi=63.64°$

Fig. 5.2 Interface temperature disturbance pattern at $\eta=0.1$，$\varepsilon=0.5$，$\Gamma=0.2$ under gravity

condition. HTW1：$\Gamma=0.2$，HTW1：$Ma_c=1.408\times10^6$，$m_c=24$，$\omega_1=0.34$，$\varphi=63.64°$

液界面上速度很小,此时的流动很弱,随着 Ma 数的增大,液-液界面上的速度增大、温度升高,壁面附近温度梯度增大。

相应地,$R=0.5$ 处的速度随着 Ma 数的增大而增大,然而,在 Z 方向上速度曲线却与微重力几乎呈对称分布的趋势不同,对比上、下液层,能够看到下液层的流动速度比上液层流动速度大,下液层的最大速度接近 40,上液层的最大速度接近 10,这是因为浮力加强了下液层流体的流动强度。监测点的径向温度分布上,分布规律与微重力条件下上、下液层温度基本呈对称分布的情况不同,因上液层为顺时针流动的涡胞,流动强度较微重力情况下小得多,故上液层温度基本呈线性分布,下液层的温度分布特征与微重力条件下的下液层情况相似,说明浮力加剧了下液层流体的流动。

为了直观地获得失稳之后 R-Z 截面的流动特征,采用二维数值模拟获得 R-Z 截面的流函数分布。如图 5.4 所示为常重力条件下,$\Gamma=0.2$、$\varepsilon=0.5$ 和 $Ma=1.6\times10^6$ 时一个周期内的等流函数线的分布变化。可以看出,其流动特征与微重力条件下相似,流动失稳后,冷壁附近产生温度振荡,附加流胞在温度梯度最大的冷壁附近产生,在振荡过程中不断地与其前面的流胞结合,然后一起向热壁方向振荡,在振荡过程中,流胞的形式与强度不断变换,上、下流体层中都出现了多胞结构。

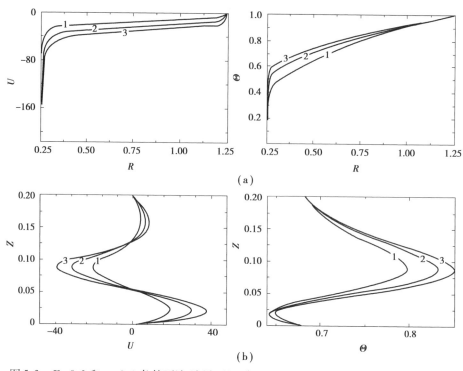

（a）

（b）

图 5.3　$\Gamma = 0.2$ 和 $\varepsilon = 0.1$ 条件下液-液界面（a）与 $R = 0.75$ 处（b）的径向速度与温度分布，

1：$Ma = 8 \times 10^4$，2：$Ma = 1.6 \times 10^5$，3：$Ma = 2.4 \times 10^5$

Fig. 5.3 The distributions of radial velocity and temperature at the interface （a）and the section of

$R = 0.75$ （b）for the case of $\Gamma = 0.2$ and $\varepsilon = 0.1$

1：$Ma = 8 \times 10^4$，2：$Ma = 1.6 \times 10^5$，3：$Ma = 2.4 \times 10^5$

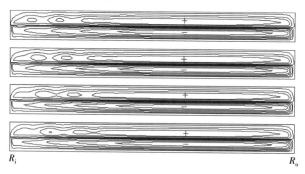

图 5.4　上部为固壁时常重力条件下等流函数线，$\Gamma = 0.2$，$\varepsilon = 0.05$，$\eta = 0.1$，$Ma = 1.6 \times 10^6$，$\delta \Psi = \Psi_{max}/10$

Fig. 5.4 Streamlines of hydrothermal waves in 5cSt and HT-70 at $\Gamma = 0.2$，$\varepsilon = 0.05$，$\eta = 0.1$，

$Ma = 1.6 \times 10^6$，$\delta \Psi = \Psi_{max}/10$

5.3　B_2O_3/蓝宝石熔体

重力条件下，B_2O_3/蓝宝石熔体的流动稳定性与微重力条件下发生了较大的变化，在半径比 $\Gamma = 0.2$ 和径深比 $\eta = 0.1$ 时，下液层厚度与总液层厚度比 $\varepsilon = 0.5$ 的几何条件下，流动失稳发生了不同的分岔现象。为了详细探讨失稳特性及失稳机理，先采用线性稳定性分析获得边际稳定性曲线，如图 5.5 所示。通过边际稳定性曲线可知，在 $Ma\text{-}m$ 平面上有两条边际稳定性曲线，对应有两条边际稳定性曲线的极小值，说明在这样的几何条件下，双液层系统出现了流动分岔现象，第一个较小的临界 Marangoni 数 $Ma_{c1} = 2.35 \times 10^6$，临界波数 $m_{c1} = 20$，第二个较大的临界 Marangoni 数 $Ma_{c2} = 9.84 \times 10^6$，临界波数 $m_{c2} = 23$。代入临界 Marangoni 数与临界波数，求解目标特征根，可以获得流动形态特征，当 $2.35 \times 10^6 < Ma_c < 9.84 \times 10^6$ 时，流动失稳流形与微重力条件相同，都为三维稳态流动（3DSF）。其液-液界面的温度波动流形如图 5.6 所示，它们是波数为 20 的，与径向夹角为零，从热壁处向冷壁处扩展径向距离的 3/5 处的三维稳态流动。从数值模拟的 $R\text{-}Z$ 截面流函数（图 5.7）可知其一个周期的流动演变。这种径向传输的流胞，先是在靠近冷壁处的上、下液层各有一个反向旋转的涡胞，上液层是逆时针旋转的、下液层是顺时针旋转的涡胞，它们逐渐扩大径向上的传播范围，并在向热壁处的传播过程中，强度逐渐减弱。然后在靠近冷壁处再次发出流函数很大的涡胞，并向热壁处扩展，进入下一个流动周期。

然而当 $Ma_c > 9.84 \times 10^6$ 时，流动失稳流型为热流体波，这种热流体波与微重力情况下从冷壁处扩展的热流体波不同，是从热壁出发并向冷壁处扩展的。

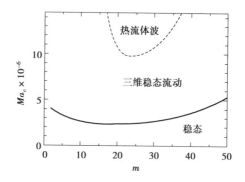

图 5.5　上部为固壁时微重力条件下的 B_2O_3／蓝宝石熔体边际稳定性曲线,$\Gamma=0.2$、$\varepsilon=0.5$、$\eta=0.1$

Fig. 5.5 Marangoni number at the marginal stability limit as a function of the wave number m for

B_2O_3/Sapphire melt at $\Gamma=0.2$, $\varepsilon=0.5$, $\eta=0.1$

图 5.6　常重力条件下三维稳态流动液-液界面温度波动图,$\Gamma=0.2$、$\eta=1.0$、$\varepsilon=0.5$.

$Ma_c=2.35\times10^6$, $m_{c1}=20$, $\omega_1=2.77$, $\varphi=0°$

Fig. 5.6 Interface temperature disturbance pattern of 3DSF under microgravity condition.

$\Gamma=0.2$, $\eta=1.0$, $\varepsilon=0.5$. $Ma_c=2.35\times10^6$, $m_{c1}=20$, $\omega_1=2.77$, $\varphi=0°$

如图 5.7 所示为重力条件下,$\Gamma=0.2$、$\varepsilon=0.05$ 和 $Ma=1.6\times10^7$ 时一个周期内的等流函数线的分布变化规律。其流动特征表现为自冷壁处出发,径向夹角为 0 的径向波纹。其流动特性与微重力条件下的第一种流动失稳特性——三维稳态流动有相似之处,流胞都是从冷壁处产生,逐渐向热壁处流动,涡胞传播方向与径向的夹角为零。不同点在于,在微重力条件下,B_2O_3／蓝宝石熔体系统中上、下液层出现了两个反向旋转的流胞,先从冷壁向热壁处扩展,两个不同旋向的流胞融合在一起后,变成一个流胞,该流胞从热壁向冷壁扩展,同时流动的强度减弱。待冷壁处新的、强度更大的流胞又出现并向冷壁处流动后,又出现反向旋转的流胞。在微重力条件下,上液层、下液层也会出现反向旋转的两个流胞,但是其流动强度不均衡,表现为上液层是逆时针旋转的流胞的流动强度要比其同层顺时针旋转的流胞流动强度大,下液层则是顺时针旋转的流胞的流动强度要大一些。并且强度大的这个流胞能够从冷壁处一直扩展到热壁处,而不会出现像微重力条件下冷壁处出现的流胞只能扩展到径向的 4/5 处,又与热壁处产生的、向冷壁处流动的流胞相融合的现象。再比较一下微重力条件、重力条件下的流函数最大值,前者在 $Ma=4.0\times10^6$ 时,流函数 $\Psi_{max}=0.075\,882$;后者在 $Ma=1.6\times10^7$ 时,$\Psi_{max}=1.040\,8$,流函数增大了十倍之多。可见,浮力会增强双液层系统的流动,破坏双液层系统流动的稳定性。5cSt 硅油/HT-70 也表现出了该特性,可见微重力环境可以获得更好的结晶生长环境。

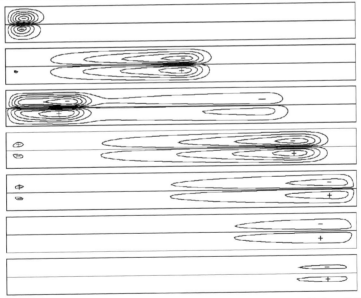

图 5.7　上部为固壁时常重力条件下三维稳态流动的 *R-Z* 截面等流函数线,

$\Gamma=0.2$、$\varepsilon=0.5$、$\eta=0.1$、$Ma=1.6\times10^7$、$\delta\Psi=\Psi_{max}/10$

Fig. 5.7 Streamlines of 3DSF in B$_2$O$_3$ and sapphire melt at $\Gamma=0.2$,$\varepsilon=0.52$,

$\eta=0.1$,$Ma=1.6\times10^7$,$\delta\Psi=\Psi_{max}/10$

为进一步了解超过第二临界 Marangoni 数之后的失稳形式,采用线性稳定性分析获得的液-液界面温度波动如图 5.8 所示。它们是一组波数为 23 的热流体波,与微重力情况第二失稳情况一样,流胞从热壁处发出以径向夹角 $\varphi = 31.52°$ 向冷壁处扩展,大约扩展到径向距离的 1/6 处。

图 5.8　上部为固壁时微重力条件下 B_2O_3/蓝宝石熔体的液-液界面温度波动,

$\Gamma = 0.2$、$\varepsilon = 0.5$、$\eta = 0.1$、$Ma = 9.84 \times 10^6$、$\varphi = 31.52°$、$\omega = 1.198$

Fig. 5.8 Interface temperature disturbance pattern in B_2O_3 and sapphire melt at

$\Gamma = 0.2, \varepsilon = 0.5, \eta = 0.1, Ma = 9.84 \times 10^6, \varphi = 31.52°, \omega = 1.198$

为了进一步揭示这种失稳机制的产生机理,通过二维数值模拟得到 $\Gamma = 0.2$、$\varepsilon = 0.5$ 和 $\eta = 0.1$ 时 Marangoni 数为 1.6×10^7 时的液-液界面径向速度与温度分布,如图 5.9(a)、(b) 所示,以及监测点 $R = 0.5$ 处的经向速度与温度分布,如图 5.9(c)、(d) 所示。当 $Ma = 1.6 \times 10^7$ 时,此时 Marangoni 数大于临界 Marangoni 数 $Ma_{c2} = 9.84 \times 10^6$,流动为靠热壁处的热流体波。从图 5.9(a) 液-液界面的径向速度看,靠近冷壁处,首先出现了一次速度的急速下降,然后再回升后继续再下降,这种特性在第一次失稳现象中未曾发现,只在二次失稳后出现。并且,速度再次升高后,并不是快速地升高到近于 0 的小值 [图 5.9(a)],而是保持了较高的速度逐渐减小。可见,正是径向的温度梯度促使热毛细力的产生,并且在近冷壁处的温度梯度越大,流动速度的变化也越大,系统的不稳定性在这个区域也越强。随着 Marangoni 数增大到 $Ma = 8.0 \times 10^6$,超过临界值 $Ma_{c2} = $

$4.528×10^6$，此时产生轮辐状的热流体波。图 5.9（a）、（b）展示了液-液界面径向速度和温度分布，可以看到，径向速度和温度分布与硅熔体的双液层系统分布特征相似，只是因为施加的 Marangoni 数不同，所以径向速度值要小 5 个数量级。径向速度在垂向的分布特征与硅熔体的双液层系统的分布特征相似，然而，垂向的温度分布却有较大的差异，在 B_2O_3/蓝宝石熔体系统的下液层，温度分布呈线性分布，且靠近液-液界面比靠近底壁的温度要高。从监测点的垂向速度与温度分布来看，其分布特征与微重力条件下的该监测点的情况相似。在微重力情况与常重力情况下，都出现了热壁边缘处的热流体波。

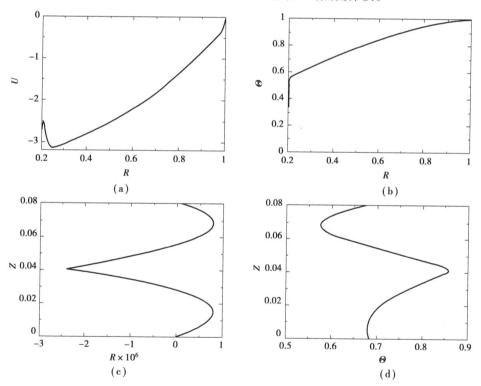

图 5.9　$\Gamma=0.2$、$\varepsilon=0.5$ 和 $\eta=0.1$ 时（a）、（b）液-液界面径向速度与温度（c）、
（d）$R=0.5$ 的径向速度与温度

Fig. 5.9 The distributions of radial velocity and temperature（a）（b）at the liquid-liquid interface

（c）（d）at the section of $R=0.5$ for the case of $\Gamma=0.2$，$\varepsilon=0.52$，$\eta=0.1$

B$_2$O$_3$/蓝宝石熔体系统中,常重力下出现流动分岔现象,界面温度波动形式有两种:第一种是三维稳态流动;第二种是热流体波。与 5cSt 硅油/HT-70 系统进行对比,可以发现,在相同几何条件下,虽然在 $\varepsilon=0.5$ 条件下,出现了流动分岔现象,但从流动失稳临界值的对比来看,5cSt 硅油/HT-70 系统的临界失稳 Marangoni 数为 1.408×10^6,B$_2$O$_3$/蓝宝石熔体系统的失稳临界值 $Ma=2.35\times10^6$,与微重力情况不同,B$_2$O$_3$/蓝宝石熔体系统比 5cSt 硅油/HT-70 系统更不容易失稳了,这说明在 B$_2$O$_3$/蓝宝石熔体系统中,液-液界面处的热毛细对流,比浮力对流的作用更重要。

5.4　本章小结

本章对水平温度梯度作用下,上部为固壁的环形双液层的浮力-热毛细对流的稳定性进行了研究,确定了半径比 $\varGamma=0.2$、深宽比 $\eta=0.1$、下液层厚度与总厚度比 $\varepsilon=0.5$ 下的 5cSt 硅油/HT-70,以及 B$_2$O$_3$/蓝宝石熔体工质对的临界 Marangoni 数、临界波数 m 与临界相速度 ω,获得了 R-Z 截面的流函数、温度分布图,预测了失稳之后液-液界面上的温度波动形式,结果发现:

①5cSt 硅油/HT-70 系统中,常重力条件下,只存在一条边际稳定性曲线,即只有一种失稳形式:轮辐状的热流体波。

②常重力条件下,B$_2$O$_3$/蓝宝石熔体工质对存在两条边际稳定性曲线:第一种流动失稳是径向的三维稳态流动;第二种流动失稳是靠近热壁处的热流体波。

③B$_2$O$_3$/蓝宝石熔体工质对、5cSt 硅油/HT-70 系统都是在常重力条件下比在微重力条件下更易失稳,说明浮力破坏了上固壁的双液层系统的流动稳定性,使流动变得更不稳定了。

④从流动失稳临界值的对比来看,5cSt 硅油/HT-70 系统的临界失稳 Marangoni 数为 1.408×10^6,B$_2$O$_3$/蓝宝石熔体系统的失稳临界值 $Ma=2.35\times$

10^6，与微重力情况不同，B_2O_3／蓝宝石熔体系统比 5cSt 硅油／HT-70 系统更不容易失稳了，这说明在 B_2O_3／蓝宝石熔体系统中，液-液界面处的热毛细对流，比浮力对流的作用更重要。

第6章 上自由表面的环形双液层热毛细对流稳定性

6.1 概 述

在采用液封 Czochralski 技术生产单晶体的过程中,除了结晶棒料占据了液封部分表面之外,还存在着自由表面。液封液体与气体界面上的表面张力梯度会引起热毛细对流,使得此工况下与上部为固壁的环形腔内的双层流体的热对流特征及失稳情况有所不同。为了了解在水平温度梯度作用下有自由表面的环形双层流体系统的流动规律及其稳定性,本章对微重力条件下环形池内的 5cSt 硅油/HT-70、B_2O_3/蓝宝石熔体双层流体的热对流过程进行了线性稳定性分析,给出了不同半径比、不同 Marangni 数下流动失稳临界值,确定了微重力流动转变现象,分析了 R-Z 截面的流动特性,获得了流动失稳时液-液界面温度波动形式。

6.2 5cSt 硅油/HT-70

随着两侧壁面温差的不断增大,温度分布的不均匀导致界面张力的不均匀,当温度的不均匀性增加到一定值时,流动失去稳定性,转化成不稳定的多胞流动。如图 6.1 所示为 $\Gamma=0.2$、$\varepsilon=0.5$、$\eta=0.075$ 和 $Ma=5.6\times10^6$ 时一个周期内的等流函数线和等温线分布。可以看出,流动失稳后,冷壁附近产生温度振荡,附加流胞主要出现在温度梯度最大的冷壁附近,在振荡过程中向热壁方向运动,最终与中心处的脉动大流胞结合,多胞结构在上、下流体层中都出现。如图 6.2 所示为 $\Gamma=0.2$、$\varepsilon=0.05$ 和 $Ma=8.0\times10^6$ 时一个周期内的流型变化。与图 6.1 比较发现,随着液池深度的减小,流动发生振荡的区域减小,也就是说浅液池时流动更易保持稳定。

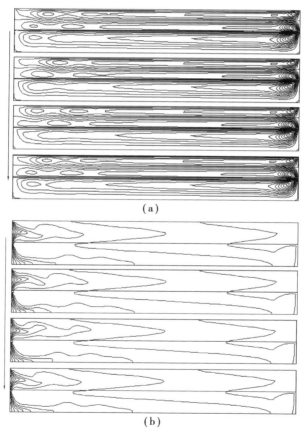

(a)

(b)

图 6.1　$\Gamma=0.2$、$\varepsilon=0.5$、$\eta=0.075$ 和 $Ma=5.6\times10^6$ 时一个周期内等流函数线(a)

与等温线分布(b),$\delta\Psi=0.325$,$\delta\Theta=0.1$

Fig. 6.1 Snapshots of streamlines and isotherms during a period at $\Gamma=0.2$, $\varepsilon=0.5$ and $Ma=5.6\times10^6$,

$\delta\Psi=0.325$, $\delta\Theta=0.1$

如图 6.3 所示为 $\Gamma=0.2$ 和 $\varepsilon=0.075$ 条件下，$Ma=8.0\times10^6$ 时自由表面和液-液界面半个周期内的径向速度和温度分布。显然，自由表面和液-液界面处的速度和温度都出现了振荡，速度和温度波动都首先在冷壁附近出现，然后向热壁传递，最终在热壁附近消失。比较图 6.3 和图 6.4 可知，随着 Ma 数的增大，速度振荡增强，出现波动的区域增大，而随着深宽比的增加，速度发生振荡的区域增大，也就是说深液池时流动更易失稳。

图 6.2　$\Gamma=0.2$、$\varepsilon=0.5$、$\eta=0.1$ 和 $Ma=8.0\times10^6$ 时一个周期内等流函数线，$\delta\Psi=0.312$

Fig. 6.2 Snapshots of streamlines during a period at $\Gamma=0.2$, $\varepsilon=0.5$ and $Ma=8\times10^6$, $\delta\Psi=0.312$

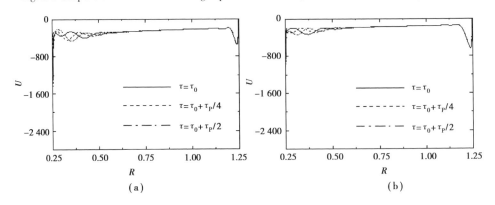

图 6.3　$\Gamma=0.2$、$\varepsilon=0.075$ 和 $Ma=5.6\times10^6$ 时自由表面(a)和液-液界面(b)

半个周期内径向速度分布

Fig. 6.3 The distributions of radial velocity during half a period at the free surface (a)and the

interface (b)for the case of $\Gamma=0.2$, $\varepsilon=0.075$ and $Ma=5.6\times10^6$

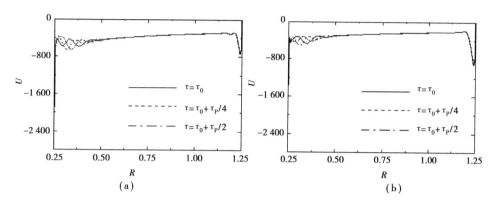

图 6.4　$\Gamma=0.2$、$\varepsilon=0.05$ 和 $Ma=8.0\times10^{6}$ 时自由表面(a)和液-液界面(b)

半个周期内径向速度分布

Fig. 6.4 The distributions of radial velocity during half a period at the free surface (a) and the

interface (b) for the case of $\Gamma=0.2$, $\varepsilon=0.05$ and $Ma=8.0\times10^{6}$

为了探讨上部为自由表面的环形池内双层流体热对流中深宽比对流动的影响,计算了微重力条件下,总液层深宽比为 0.1 时的流动。如图 6.5 所示为 $\Gamma=0.2$ 和 $\varepsilon=0.5$ 时 3 种深宽比下的边际稳定性曲线。从图中可知,随着 m 的增加,临界 Marangoni 数 Ma_{c} 先减小,例如,深径宽比为 0.1 时,从 $m=10$ 的 1.36×10^{6} 减小到 $m=40$ 时的极小值 0.928×10^{6},然后随着 m 的增加而增加。

流动失稳后,双液层系统从二维稳态向振荡流动转变,为了获得液-液界面的流动失稳形式,采用线性稳定性分析,通过进一步计算发现,流动失稳形式为轮辐状的热流体波,如图 6.6 所示。该热流体波从冷壁处产生,并以波数 $m_{c}=$ 40、与径向的夹角 $\varphi=38.44°$、相速度 $\omega_{1}=0.23$ 沿周向逆时针传播。

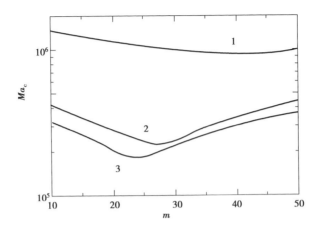

图 6.5　$\Gamma=0.2$ 和 $\varepsilon=0.5$ 时微重力条件下不同液层总厚度下的边际稳定曲线,

1: $\eta=0.1, 2: \eta=0.15, 3: \eta=0.20$

Fig. 6.5　Marangoni number at the marginal stability limit as a function of the wave number m

for different total liquid depth at $\Gamma=0.2$ and $\varepsilon=0.5$ under microgravity condition.

1: $\eta=0.1, 2: \eta=0.15, 3: \eta=0.20$

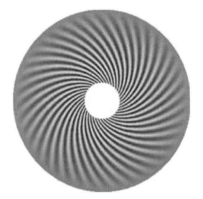

图 6.6　$\eta=0.1$、$\varepsilon=0.5$ 和 $\Gamma=0.2$ 微重力条件下 5cSt 硅油/HT-70 的液-液界面温度波动.

第一类热流体波:$Ma_c=0.93\times10^6$、$m_c=40$、$\omega=0.23$、$\varphi=38.44°$

Fig. 6.6　Interface temperature disturbance pattern at $\Gamma=0.2, \varepsilon=0.5$ and $\eta=0.1$ under gravity

condition. HTW1: $Ma_c=0.93\times10^6, m_c=40, \omega=0.23, \varphi=38.44°$

6.3　B_2O_3/蓝宝石熔体

在上固壁环形池中，B_2O_3/蓝宝石熔体所组成的双液层系统所表现出来的流动特性与 5cSt 硅油/HT-70 不同，那么，在上自由表面的环形双液层系统中，上自由表面对系统会造成怎样的影响呢？为了进一步地探索微重力下上自由表面的双液层系统的流动稳定性，采用数值模拟和线性稳定性分析方法，获得了 R-Z 截面的流动流函数和温度分布、稳定边际值，以及液-液界面温度波动图、液-液界面及监测点垂直速度和温度分布，并分析了流动失稳机制。

首先，采用线性稳定性分析获得 $\Gamma = 0.2$、$\varepsilon = 0.52$ 和 $\eta = 0.1$ 下的流动边际稳定性曲线，如图 6.7 所示。通过计算发现，边际稳定性曲线有两个极小值，分别为 $Ma_{c1} = 1.44 \times 10^5$，对应临界波数 $m_{c2} = 22$；$Ma_{c2} = 1.6 \times 10^5$，对应临界波数为 $m_{c2} = 12$。然后，通过计算临界值的特征根，获得 3 个 Marangoni 数区间的流动流型，它们是：当 $Ma_c < 1.44 \times 10^5$ 时，流动是二维稳态流动；当 $1.44 \times 10^5 < Ma_c < 1.6 \times 10^5$ 时，流动是三维稳态流动；$Ma_c > 1.6 \times 10^5$ 时，流动是靠近热壁处的热流体波。

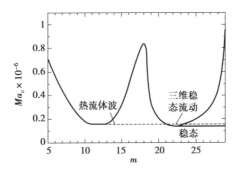

图 6.7　上自由表面 B_2O_3/蓝宝石熔体双液层系统边际稳定性曲线，$\Gamma = 0.2$、$\varepsilon = 0.5$、$\eta = 0.1$

Fig. 6.7 Marangoni number at the marginal stability limit as a function of the

wave number m at $\Gamma = 0.2$, $\varepsilon = 0.52$, $\eta = 0.1$

如图 6.8 所示为二维数值模拟获得的 R-Z 截面流函数分布,可以看出,在近热壁处逐渐出现了振动流动,这些流胞有从冷壁至径向 2/3 处的大流胞,只能从热壁处向冷壁处扩展到近热壁的 1/3 径向长度。为了进一步了解液-液界面的温度波动,通过线性稳定性分析,获得两个临界 Marangoni 数附近的液-液界面温度波动,如图 6.9 所示。图 6.9(a)显示的是当 $Ma_{c1} = 1.44 \times 10^5$ 时,波数 $m_{c1} = 22$ 的三维稳态流动,波动从冷壁处沿径向朝热壁处扩展;当 $Ma_{c2} = 1.6 \times 10^5$ 时,热壁处的流动振荡增强,远远大于三维稳态流动的波动值,并在近热壁的 1/3 径向长度振荡,以波数 $m_{c2} = 12$、相速度 $\omega = 1.269$ 的速度沿周向移动,其波动形式如图 6.9(b)所示。

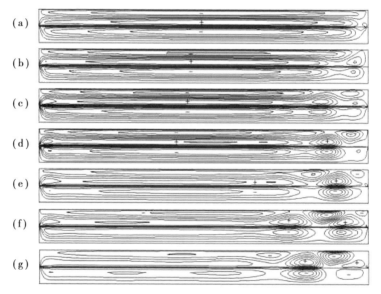

图 6.8　上自由表面 B_2O_3/蓝宝石熔体双液层系统等流函数线,$\Gamma = 0.2$、$\varepsilon = 0.5$、

$\eta = 0.1$、$Ma = 8.0 \times 10^5$

Fig. 6.8 Streamlines of B_2O_3 and sapphire melt at $\Gamma = 0.2$, $\varepsilon = 0.5$, $\eta = 0.1$ and $Ma = 8.0 \times 10^5$

通过如图 6.10 所示的液-液界面、$R = 0.5$ 处的径向速度和温度分布可知,当 $Ma = 8.0 \times 10^4$ 时,B_2O_3/蓝宝石熔体的径向速度波动区域集中于热壁处,并且波动区域不超过径向长度的 1/3,这个波动区域与 5cSt 硅油/HT-70 集中于冷壁处正好相反,这种靠近热壁的温度波动形式陈贤琴等[137]已有报道。

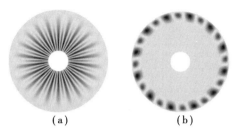

（a） **（b）**

图 6.9　上自由表面 B_2O_3/蓝宝石熔体双液层系统液-液界面温度波动,Γ＝0.2、ε＝0.5、η＝0.1

Fig. 6.9 Interface temperature disturbance pattern of B_2O_3 and sapphire melt at Γ＝0.2,ε＝0.5,η＝0.1

（a）三维稳态流动:Ma_{c1}＝1.44×10^5、m_{c1}＝22、ω_1＝0.058、φ_1＝0°;

（b）热流体波:Ma_{c2}＝1.6×10^5、m_{c2}＝12、ω_2＝1.134、φ_2＝23.34°

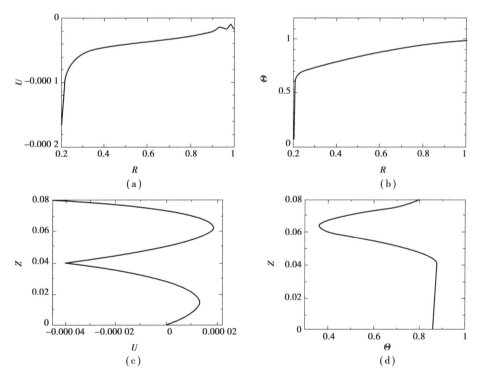

图 6.10　Γ＝0.2、ε＝0.5 和 η＝0.1 时（a）、（b）液-液界面径向速度与

温度分布（c）、（d）R＝0.5 的径向速度与温度分布

Fig. 6.10 The distributions of radial velocity and temperature（a）、（b）at the liquid-liquid

interface（c）、（d）at the section of R＝0.5 for the case of Γ＝0.2,ε＝0.5,η＝0.1

6.4 本章小结

本章对水平温度梯度作用下,上部为自由表面的环形双液层的热毛细对流的稳定性进行了研究,确定了不同半径比 Γ、深宽比 η、下液层厚度与总厚度比 ε 下 5cSt 硅油/HT-70,以及 $\Gamma=0.2$、$\eta=0.1$ 和 $\varepsilon=0.5$ 下 B_2O_3/蓝宝石熔体工质对的临界 Marangoni 数、临界波数 m 与临界相速度 ω,获得了失稳之后液-液界面上的温度波动形式,结果发现:

①5cSt 硅油/HT-70 系统中,在上部为自由表面的环形液层中,微重力下在 $\varepsilon=0.625 \sim 0.75$ 出现流动转变现象,界面温度波动形式是第一类热流体波与第二类热流体波,而常重力下在 $\varepsilon=0.5$ 时,界面温度波动形式为第一类热流体波。

②B_2O_3/蓝宝石熔体系统中,微重力下,出现流动分岔现象,界面温度波动形式有两种:第一种是三维稳态流动;第二种是热壁边缘的热流体波。与上固壁、微重力下的系统稳定性进行对比,发现上固壁条件可以极大提升系统的稳定性。与 5cSt 硅油/HT-70 系统进行对比,可以发现,在相同几何条件下,B_2O_3/蓝宝石熔体系统更容易失稳,并且在 $\varepsilon=0.5$ 条件下,出现流动分岔现象。

第7章 上自由表面的环形双液层
浮力-热毛细对流稳定性

7.1 概 述

第6章研究的是微重力条件下、上自由表面环形双液层的热毛细对流,当双液层系统处于常重力条件下时,浮力对环形双液层系统的流动稳定性影响如何,还不甚清楚。

为了了解在水平温度梯度作用下上部为自由表面的环形腔双层 5cSt 硅油/HT-70、B_2O_3/蓝宝石熔体系统流动稳定性以及失稳之后液-液界面温度波动形态,本章分别对双层流体的热对流过程进行了数值模拟和线性稳定性分析,给出了在常重力条件下,不同半径比和不同 Marangoni 数的稳定性分析结果,预测了分岔现象,分析了 R-Z 截面的流动特性,并通过计算特征向量,得到了分岔时对应的液-液界面温度波动形式。

7.2 5cSt 硅油/HT-70

为了探讨深宽比对流动的影响,计算常重力条件下,深宽比 $\eta = 0.1$、0.15 和 0.2 时的流动。由于浮力的作用,随着深宽比的增大,流动稳定性下降,如图

7.1 所示为 $\Gamma=0.2$ 和 $\varepsilon=0.5$ 时 3 种深宽比的边际曲线。由此可知,临界 Ma 数随深宽比的增大有明显的降低,特别是在 $\eta=0.1$ 至 $\eta=0.15$ 区间,临界 Ma 数从 4.12×10^5 下降为 2.48×10^5,然而在 $\eta=0.15$ 至 $\eta=0.2$ 区间,临界 Marangoni 数却没有大幅减小。从图中可知,在 $\Gamma=0.2$、$\varepsilon=0.5$ 和 $\eta=0.1$ 时,临界波数为 21,$Ma_c=4.12\times10^5$。通过求解临界值的特征值,可以得到液-液界面温度波动形式,如图 7.2 所示,其温度波动形式是"第二类热流体波"[41],特征为近冷壁处发出的轮辐状的热流体波,与同波数、同旋转方向,角速度都为 $\omega=0.46$,与径向的夹角度都为 $\varphi=39.01°$ 的花瓣状波纹的叠加。

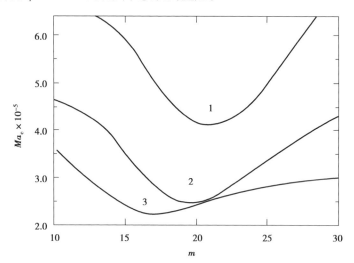

图 7.1　$\Gamma=0.2$ 和 $\varepsilon=0.5$ 时常重力条件下不同深宽比的边际稳定曲线,

$1:\eta=0.1;2:\eta=0.15;3:\eta=0.20$

Fig. 7.1 Marangoni number at the marginal stability limit as a function of the wave number m for

different total liquid depth at $\Gamma=0.2$ and $\varepsilon=0.5$,under gravity condition,

$1:\eta=0.1;2:\eta=0.15;3:\eta=0.20$

分析其流动机理发现,流动过程中,自由表面和液-液界面附近不断地有热流体被带到冷壁附近,在冷壁侧就会引起一个较大的温度梯度,这时冷壁附近界面处的某种小扰动使得冷壁处回流速度增大,回流区域的温度下降,冷壁附近产生温度波动,在流动过程中,温度波动会引起壁面附近的速度波动。速度

图 7.2　$\varGamma=0.2$、$\eta=0.1$ 和 $\varepsilon=0.5$ 时常重力条件下的液-液界面温度波动.

第二类热流体波：$Ma_c=4.12\times10^5$、$m_c=21$、$\omega_1=0.46$、$\varphi=39.01°$

Fig. 7.2 Interface temperature disturbance pattern at $\varGamma=0.2$, $\varepsilon=0.5$ and $\eta=0.1$ under

gravity condition. HTW2：$Ma_c=4.12\times10^5$, $m_c=21$, $\omega_1=0.46$, $\varphi=39.01°$

振荡和温度振荡在冷壁面附近产生,向热壁附近运动并逐渐减弱。随着 Ma 数继续增大,速度振荡和温度振荡增强,出现波动的区域增大。由于浮力的作用,上液层的流胞回流至热壁处,通过热壁处加热的流体与上液层的冷流体形成一个温度梯度,在重力作用下,近热壁处出现了同波数的花瓣状流胞,这种现象及失稳机理在 Peng 等的文献[41]中已有报道。

7.3　B_2O_3/蓝宝石熔体

通过线性稳定性分析,获得常重力条件下,深宽比 $\eta=0.1$、0.15 和 0.2 时环形双液层 B_2O_3/蓝宝石熔体的边际稳定性曲线,如图 7.3 所示。通过边际稳定性曲线可知,在 Ma-m 平面有两条边际稳定曲线,对应有两条边际稳定性曲线的极小值,说明在这样的几何条件下,双液层系统出现了流动分岔现象。分别对应的两个极小值显示,临界 Marangoni 数 $Ma_{c1}=4.8\times10^4$,临界波数 $m_{c1}=13$,临界 Marangoni 数 $Ma_{c2}=2.64\times10^5$,临界波数 $m_{c2}=28$。代入临界 Marangoni 数与临界波数,求解目标特征根,可以获得流动形态特征,当 $4.8 \times 10^4 < Ma_c < 2.64 \times 10^5$ 时,双液层系统失稳形式为近热壁处的热流体波;当 $Ma_c > 2.64 \times 10^5$ 时,失稳形式为三维稳态流动(3DSF)。

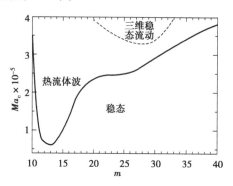

图 7.3　上自由表面 B_2O_3/蓝宝石熔体双液层系统边际稳定性曲线,$\Gamma = 0.2$、$\varepsilon = 0.5$、$\eta = 0.1$

Fig. 7.3 Marangoni number at the marginal stability limit as a function of the wave

number m at $\Gamma = 0.2, \varepsilon = 0.5, \eta = 0.1$

如图 7.4 所示为 $\Gamma = 0.2$、$\varepsilon = 0.52$、$\eta = 0.1$ 和 $Ma_c = 1.6 \times 10^5$ 条件下二维数值模拟获得的 $R\text{-}Z$ 截面的流函数分布,可以看出,在近热壁处逐渐出现了振动流动,这些流胞有从冷壁至径向 3/4 处的大流胞,只能从热壁处向冷壁处扩展到近热壁的 1/4 径向长度。为了进一步了解液-液界面的温度波动,通过线性稳定性分析,获得两个临界 Marangoni 数附近的液-液界面温度波动,如图 7.5 所示。图 7.5(a)显示的是当 $Ma_{c1} = 4.8 \times 10^4$ 时,波数 $m_{c1} = 13$ 的热壁处的热流体波,波动从热壁处以径向夹角 48.0°、角速度 $\omega_1 = 0.132\,8$ 沿周向扩展,其在径向的扩展长度约为径向长度的 1/4;当 $Ma_{c2} = 2.64 \times 10^5$ 时,冷壁处回流上液层两个反向流胞的垂直温度梯度越来越大,如图 7.6 所示,加上浮力的共同作用,在冷壁处形成了 Marangoni 对流,并在近热壁的 3/4 径向长度振荡,以波数 $m_{c2} = 28$、$\phi = 0°$ 沿径向移动,其波动形式为三维稳态流动,如图 7.5(b)所示。

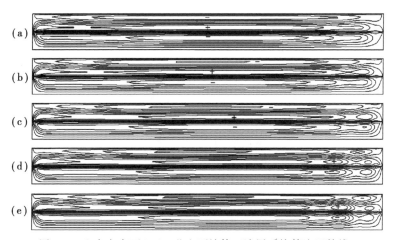

图 7.4　上自由表面 $B_2O_3/$蓝宝石熔体双液层系统等流函数线，

$\Gamma=0.2$、$\varepsilon=0.5$、$\eta=0.1$、$Ma_c=1.6\times10^5$

Fig. 7.4 Streamlines of B_2O_3 and sapphire melt at $\Gamma=0.2$, $\varepsilon=0.5$, $\eta=0.1$ and $Ma=1.6\times10^5$

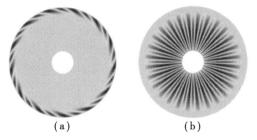

图 7.5　上自由表面 $B_2O_3/$蓝宝石熔体双液层系统液-液界面温度波动，$\Gamma=0.2$、$\varepsilon=0.5$、$\eta=0.1$

Fig. 7.5 Interface temperature disturbance pattern of B_2O_3 and sapphire melt at $\Gamma=0.2$, $\varepsilon=0.52$, $\eta=0.1$

（a）**热流体波**：$Ma_{c1}=4.8\times10^4$、$m_{c1}=13$、$\omega_1=0.132\ 8$、$\varphi_2=48.0°$；

（b）**三维稳态流动**：$Ma_{c2}=2.64\times10^5$、$m_{c2}=28$、$\omega_2=2.032$、$\varphi_2=0°$

如图 7.7 所示，通过 $B_2O_3/$蓝宝石熔体的液-液界面、$R=0.5$ 处的径向速度和温度分布，可以看到，当 $Ma=1.6\times10^5$ 时，液层系统的径向速度波动集中于热壁处，并且波动区域不超过径向长度的 1/4，这个波动区域与 5cSt 硅油/HT-70 集中于冷壁处正好相反，这种靠近热壁的温度波动形式在上自由表面的 $B_2O_3/$蓝宝石熔体环形双液层的热毛细对流中已出现。

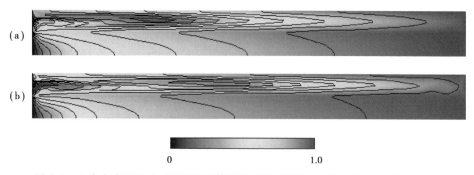

图 7.6 上自由表面 B_2O_3/蓝宝石熔体双液层系统等温线, $\Gamma=0.2$、$\varepsilon=0.5$、$\eta=0.1$

（a）$Ma_c=8.0\times10^4$；（b）$Ma_c=1.6\times10^5$

Fig. 7.6 Isotherms of B_2O_3 and sapphire melt at $\Gamma=0.2$, $\varepsilon=0.5$, $\eta=0.1$ and $Ma=1.6\times10^5$

（a）$Ma_c=8.0\times10^4$；（b）$Ma_c=1.6\times10^5$

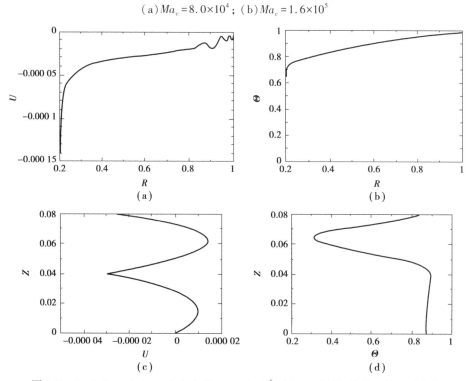

图 7.7 $\Gamma=0.2$、$\varepsilon=0.5$、$\eta=0.1$ 和 $Ma_c=1.6\times10^5$ 时（a）、（b）液-液界面径向速度与

温度分布（c）、（d）$R=0.5$ 的径向速度与温度分布

Fig. 7.7 The distributions of radial velocity and temperature （a）、（b）at the liquid-liquid

interface（c）、（d）at the section of $R=0.5$ for the case of $\Gamma=0.2$, $\varepsilon=0.5$, $\eta=0.1$

7.4　本章小结

本章对水平温度梯度作用下,上部为自由表面的环形双液层的热毛细-浮力对流的稳定性进行了研究,确定了不同半径比 Γ 下 5cSt 硅油/HT-70,以及 $\Gamma=0.2$、$\eta=0.1$ 和 $\varepsilon=0.5$ 下 B_2O_3/蓝宝石熔体工质对的临界 Marangoni 数、临界波数 m 与临界相速度 ω,获得了失稳之后液-液界面上的温度波动形式,结果发现:

①5cSt 硅油/HT-70 系统中,在上部为自由表面的环形液层中,常重力下在 $\varepsilon=0.5$ 出现的界面温度波动形式为第二类热流体波。

②B_2O_3/蓝宝石熔体系统中,微重力条件下的临界 Marangoni 数比常重力时要大,说明微重力条件下系统热对流稳定性更强。B_2O_3/蓝宝石熔体系统中,常重力条件下,出现流动分岔现象,界面温度波动形式有两种:第一种是三维稳态流动;第二种是热壁边缘的热流体波。

第 8 章　Pr 数对环形双液层热毛细
对流的影响

8.1　概　述

线性稳定性分析是研究热毛细对流不稳定性影响因素的重要手段,Hoyas 等[138]通过线性稳定性分析确定了发生热流体波的临界条件,计算得到了热流体波,但他假设流体的 Pr 数为无限大。最近,Gelfgat 等[139]通过线性稳定性分析确定了热毛细对流失稳的临界条件。Smith 和 Davis 的线性稳定性分析认为流动失稳临界条件与流动失稳形式与流体的 Pr 数有关[33],石万元等[140]对环形池中 Pr 数从 6.7～57.9 的硅油热毛细对流稳定性进行了研究,发现当 $Pr \leqslant$ 15.9 时,临界 Ma 数随 Pr 数的增加迅速上升,当 $Pr>15.9$ 后,临界 Ma 数随 Pr 数的增加变缓。不同的 Pr 数出现了单组热流体波与双组热流体波的流体流型。Mo 等[141-143]对上固壁、上自由表面的环形双液系统的热毛细对流、浮力-热毛细对流进行了线性稳定性分析,并求解了 5cSt 硅油/HT-70 工质对的流动稳定中性曲线,求解了不同深径比,半径比,上、下液层厚度比、总厚度等条件下的流动稳定区间。以上研究偏重于几何条件对双液层系统稳定性的影响,而对双液层流体之间 Pr 比值对双液层系统的稳定性还鲜有研究,本书采用线性稳定性分析的方法,对上液层流体与下液层流体 Pr 数比值从 0.164～5.417 内双层流体热毛细对流展开研究,获得了其失稳的临界条件,并预测了流动失稳流形。

本书可拓宽多层流体系统流动非平衡热力学理论,并为液封提拉法生长晶体合理选择液封流体提供工程指导。

8.2　研究对象

在微重力环境下,浮力引起的自然对流消失了,热毛细对流将占据主导作用,这将可以获得一个相对理想的静态生长体系,热量和质量运输均被抑制,生长过程仅受限于扩散过程,这样的体系非常适合研究晶体生长、缺陷形成和溶质分凝,并且适合验证有关晶体生长机理的理论模型。为了认清研究上、下液层 *Pr* 数比对环形双液层热毛细对流稳定性的影响,本书选取了 7 种不同 *Pr* 数流体,组成 4 组不同 *Pr* 数比的工质对进行线性稳定性分析。自此,定义环形液池中,上液层流体与下液层流体 *Pr* 数比值 $Pr^* = Pr_2/Pr_1$。7 种流体的具体物性参数见附录,其参数同文献[19,145]。

8.3　结果与分析

在上固壁的环形池中,对不同的 4 种上、下液层 Pr^* 值的双液层流体,首先通过二维数值模拟得到此 4 种工质对的流动基本解,如图 8.1 所示为它们在稳态流动时的流函数图与温度场。由于液-液界面热毛细力的影响,上、下液层各有一个顺、逆流动的流胞。4 种工质对都表现出靠近冷壁处的温度梯度分布比近热壁处要更密集一些。但从基态解无法获取失稳后的流动形式以及流动失稳临界条件,以此基本解为基础,去完成下一步的线性稳定性分析。

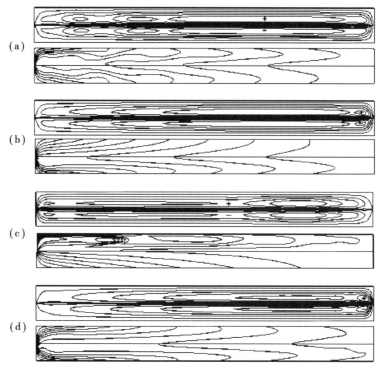

图 8.1　$\eta = 1.0$、$\varepsilon = 0.5$、$\Gamma = 0.2$ 时双液层系统稳态流动的流函数(上)及温度场(下)

Fig. 8.1 Streamlines (upper) and isotherms (lower) of steady flow in annular two-layer system

at $\eta = 1.0$, $\varepsilon = 0.5$, $\Gamma = 0.2$, $\Psi = \Psi_{\max}/10$, $\delta\Theta = 0.1$

(a) Silicon 0.65cSt/Water, $Ma = 4.0 \times 10^5$, $\Psi(+) = 1.08$, $\Psi(-) = -1.07$;

(b) Water/Fc-75, $Ma = 8.0 \times 10^5$, $\Psi(+) = 0.44$, $\Psi(-) = -0.44$;

(c) B_2O_3/Al_2O_3, $Ma = 4.0 \times 10^6$, $\Psi(+) = 0.019$, $\Psi(-) = -0.019$;

(d) Silicon oil 5cSt/HT-70, $Ma = 6.4 \times 10^6$, $\Psi(+) = 1.77$, $\Psi(-) = -1.77$

通过求解线性扰动方程,可获得失稳临界条件,如图 8.2 所示。随着 Pr^* 值的增大,临界 Ma 数值以 $0.223 \sim 0.75$ 区段为界呈分段上升趋势。如图 8.3(a)所示,从 Pr^* 值为 0.164 时对应的 $Ma_c = 6.48 \times 10^5$ 逐渐增大到 Pr^* 值为 5.417 时对应的 $Ma_c = 9.10 \times 10^6$。值得注意的是,在 Pr^* 值为 0.75,即工质对为 $B_2O_3/$ Al_2O_3 时,双液层系统出现流动分岔现象,其临界中性曲线如图 8.5(a)所示,可以通过临界中性曲线获得临界 Ma 数与临界波数 m_c,最低的临界 Ma 数

为 $Ma_{c1} = 1.12 \times 10^6$，通过线性稳定性分析临界 *Ma* 数对应的特征值可预测液-液界面流动失稳流型，此时对应的流型为三维稳态流动，如图 8.5(b) 所示，当 *Ma* 数升高至第二临界值时，即 $Ma_{c2} = 4.16 \times 10^6$，流型为靠近热壁处的热流体波，表现为沿着外壁边沿、周向旋转的、在径向方向扩展约 1/4 半径长的流胞，如图 8.5(c) 所示。从流动波数上看，临界波数 m_c 随 Pr^* 值的变化呈上升趋势，如图 8.2(b) 所示。临界相速度 ω_c 的变化趋势与临界 *Ma* 数、临界波数 m_c 的变化趋势相反，它随 Pr^* 值的增加而呈分段降低趋势，在 Pr^* 值为 $0.223 \sim 0.75$ 区段呈轻微上升状态，如图 8.2(c) 所示。在石万元等人对环形单液层热毛细对流的线性稳定性研究[18]中，发现系统的临界 *Ma* 数随熔体 *Pr* 值的增加而增大，但增加的幅值以 $Pr = 15.9$ 为分界线呈分段上升趋势，这个变化趋势，与环形双液层系统临界 *Ma* 数随熔体 Pr^* 值的变化趋势相似。经过对比可知，环形双液层的热毛细对流稳定性与单独一个液层 *Pr* 值的增减关系不大，而与上、下液层的 *Pr* 比值有关。可见，为了获得更好的系统流动稳定性、提高生长晶体的质量，在选择双液层工质对时，应选择上、下液层 *Pr* 比值较大的工质对。

对施加水平温度梯度的环形双液层的流动稳定性分析可知，系统流动的稳定性并不与上、下液层的黏性比呈正相关。在 4 对工质对中，B_2O_3/Al_2O_3 的上、下液层的黏性比最大，但是它的失稳临界 *Ma* 数却并非最大。流体的热扩散能力、密度同样会对双液层流动稳定性造成影响。也就是说，流动稳定性受上、下液层的 *Pr* 值的综合影响。然而，液体黏性比会影响流体流动的分岔特性，也就是当上、下液层流体的黏性比越大，流体越容易出现多种流动失稳流型，从而出现流动分岔现象，如 B_2O_3/Al_2O_3 工质对，在相同的几何条件下，出现了两种失稳流型，而其他工质对则只出现热流体波一种失稳流型。

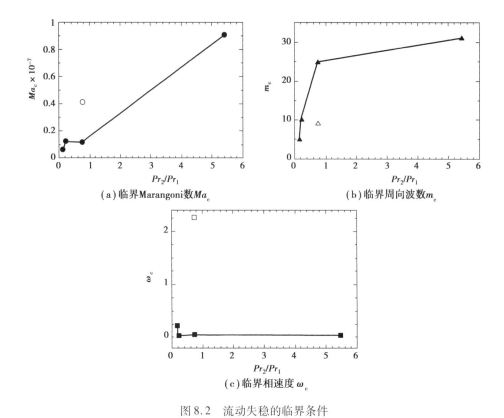

（a）临界Marangoni数Ma_c （b）临界周向波数m_c

（c）临界相速度ω_c

图8.2 流动失稳的临界条件

Fig. 8.2 Critical conditions for the onset of unsteady flow

通过线性稳定性分析可以预测双液层流体热毛细对流的失稳流型。4 组工质对的临界中性曲线[图 8.3(a)、图 8.4(a)、图 8.5(a)、图 8.6(a)]与流动失稳后的表面温度扰动[图 8.3(b)、图 8.4(b)、图 8.5(b)、图 8.5(c)、图 8.6(b)]预示了流动失稳对应的流型。对于工质对 5cSt/HT-70 来说,流动失稳会出现第一种热流体波,用 HTW1 来表示,它是一组呈轮辐状顺时针在周向传播,几乎占据整个液-液界面的有传播倾角的流体波动,如图 8.6(b)所示。对轮形波的失稳机理,表面张力做功占比在所有扰动动能中占主导,为热毛细力不稳定性。在液-液界面热毛细力驱动上、下液层流体自内面流向外壁面,液池底部产生回流,形成顺时针流动的单流胞结构。当液层表面出现热温度扰动时在热毛细力的作用下周围的流体向热扰点流动,形成表面径向扰动流 u 和周向扰动

流 v，由于连续性，会迫使流体向液池内部流动，形成下降流 w。5cSt 硅油/HT-70 双液层系统在此几何条件与微重力条件下，失稳流型为有周向传播角度的轮辐状的热流体波。

工质对 0.65cSt 硅油/水、水/Fc-75 的流动失稳会出现第二种热流体波，如图 8.3(b)、图 8.4(b)所示，这种热流体波，从冷壁处到近热壁处的区域为轮辐状的热流体波，靠近热壁处则是同波数的流胞，它们以相同的方向、相同的旋转速度在周向上传播。此种热流体波失稳机理在 Peng Lan 等人所做的环形单液层热毛细对流的数值模拟[44]、莫东鸣等人所做的环形双液层热毛细对流实验[144]及线性稳定性分析[145]中已出现过，并且其失稳机理已得到讨论。

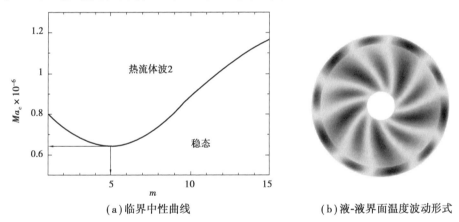

（a）临界中性曲线　　　　　　（b）液-液界面温度波动形式

图 8.3　$\eta=1.0$、$\varepsilon=0.5$、$\Gamma=0.2$ 时 0.65cSt 硅油/Water 的流动失稳预测，

第二类热流体波：$Ma_c=6.48\times10^5$、$m_c=5$、$\omega=0.198$、$\varphi=23.7°$

Fig.8.3 Prediction of flow instability about 0.65cSt Silicon/Water at $\eta=1.0$，$\varepsilon=0.5$，$\Gamma=0.2$

（a）Critical neutral curve；

（b）liquid-liquid interface temperature disturbance pattern，

HTW2：$Ma_c=6.48\times10^5$，$m_c=5$，$\omega=0.198$，$\varphi=23.7°$

工质对 B_2O_3/Al_2O_3，流动失稳会出现流动分岔，在第一个临界 Ma 数出现径向流动的三维稳态流动，用 3DSF 表示，如图 8.5(b)所示，它的波数是 25，从冷壁处出发沿径向向热壁处扩散。当 Ma 数进一步增大至超过第二临界值，波

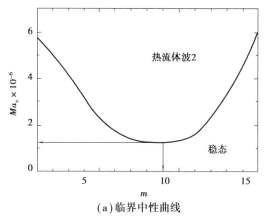 

（a）临界中性曲线　　　　　　（b）液-液界面温度波动形式

图 8.4　$\eta = 1.0$、$\varepsilon = 0.5$、$\Gamma = 0.2$ 时 Water/Fc-75 的流动失稳预测，

第二类热流体波：$Ma_c = 1.248 \times 10^6$、$m_c = 10$、$\omega = 0.004$、$\varphi = 24.0°$

Fig. 8.4 Prediction of flow instability about Water/Fc-75 at $\eta = 1.0$，$\varepsilon = 0.5$，$\Gamma = 0.2$

（a）Critical neutral curve；（b）liquid-liquid interface temperature disturbance pattern，

HTW2：$Ma_c = 1.248 \times 10^6$，$m_c = 10$，$\omega = 0.004$，$\varphi = 24.0°$

形发生改变，此时液-液界面的流动呈现出靠近外壁面的热流体波，用 HTW3 来表示，如图 8.5（c）所示，它是一组波数为 9、传播角 $\phi = 23.89°$、靠热壁处的短小的"边沿波"，且流动的速度比在第一临界值时的三维稳态流动速度要快。对 B_2O_3/Al_2O_3 工质对，上、下液层流体的黏性分别比 5cSt 硅油/HT-70 的黏性大 2～3 个数量级，内部温度扰动不受周向速度迁移作用，且内部周向扰动速度 v 在黏性效应下迅速衰减为 0，第一种失稳流型是波纹维持稳定、三维的稳定流。至于"边沿波"的流动机理，陈贤琴等[137]在对环形池单液层液态镓小 Pr 的热毛细对流进行的线性稳定性分析，以及陈绵伟[146]对环形旋转系统中表面张力随温度升高而增大的小 Pr 数单液层流体的热毛细对流进行了数值模拟与线性稳定性分析中也发现了位于环形池外环边沿的"边沿波"，并通过能量收支分析，解释了流动失稳的机理，其流动失稳主要由惯性力提供，为惯性力不稳定性。上、下液层单流胞中心靠近热外壁面，外壁面附近基本流在径向梯度和轴向梯度会比较大。失稳时此处扰动流更容易从基本流中获得足够能量维持速

度扰动。惯性效应下,扰动速度 *u*、*w* 相互耦合,扰动流获得能量后流向外壁面的深处,在惯性及连续性作用下,在液池中部扰度速度传播过程中做负功使得扰动流削弱,同时中部基本速度场没有足够能量维持扰动流,扰动速度只分布在外热壁面处。这种惯性力对失稳占主导的不稳定性,根据 Smith 理论[30],径向扰动速度 *u* 与轴向速度 *w* 发生耦合,由于惯性它们之间必然存在相位差。在这种失稳模式中,黏性效应很弱,自由面上的径向扰动速度 *u* 从温度场中汲取热量形成的温度扰动随扰动流一起流动,在惯性效应下,与 *w* 扰动发生振荡,在靠近液池外壁面表面出现冷热交替变化的“边沿波”。

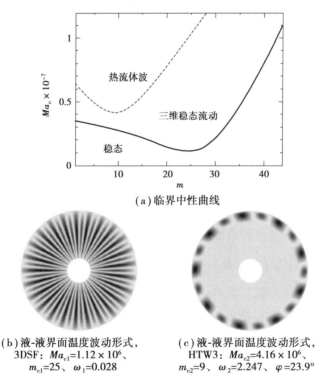

（a）临界中性曲线

（b）**液-液界面温度波动形式,**
3DSF: Ma_{c1}=1.12×10⁶、
m_{c1}=25、ω_1=0.028

（c）**液-液界面温度波动形式,**
HTW3: Ma_{c2}=4.16×10⁶、
m_{c2}=9、ω_2=2.247、φ=23.9°

图 8.5　η=1.0、ε=0.5、Γ=0.2 时 5cSt 硅油/HT-70 的流动失稳预测

Fig. 8.5 Prediction of flow instability about 5cSt silicone oil/HT-70 at η=1.0, ε=0.5, Γ=0.2

（a）Critical neutral curve；（b）liquid-liquid interface temperature disturbance pattern,

3DSF: Ma_{c1} = 1.12×10⁶, m_{c1} = 25, ω_1 = 0.028；（c）liquid-liquid interface temperature disturbance

pattern, HTW3: Ma_{c2} = 4.16×10⁶, m_{c2} = 9, ω_2 = 2.247, φ = 23.9°

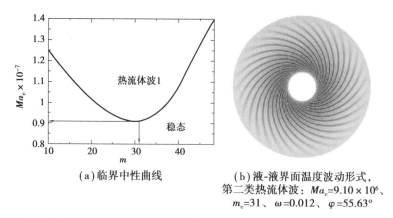

(a) 临界中性曲线

(b) 液-液界面温度波动形式,
第二类热流体波: Ma_c=9.10×10⁶、
m_c=31、ω=0.012、φ=55.63°

图 8.6　$\eta=1.0,\varepsilon=0.5,\Gamma=0.2$ 时 5cSt 硅油/HT-70 的流动失稳预测

Fig. 8.6 Prediction of flow instability about 5cSt silicone oil/HT-70 at $\eta=1.0,\varepsilon=0.5,\Gamma=0.2$

(a) Critical neutral curve;(b) liquid-liquid interface temperature disturbance pattern,

HTW2: $Ma_c=9.10\times10^6,m_c=31,\omega=0.012,\varphi=55.63°$

8.4　本章小结

流体 Pr 数是影响热毛细对流流动特性与稳定性的重要参数,本书通过线性稳定性分析,确定了环形液池内双液层内 5cSt 硅油/HT-70、水/Fc-75、0.65cSt 硅油/水、B_2O_3/Al_2O_3 4 种工质对热毛细对流失稳的临界 Ma 数、临界波数和临界相速度,并预测了它们在临界 Ma 数的液-液界面温度波动形式,计算了上液层与下液层流体的 Pr 比值在 0.164～5.417 时工质对流动稳定性,结果发现:随着上、下液层 Pr 比值的增大,环形双液层流体的临界 Ma 数以 0.223～0.75 为界限呈分段上升趋势,同时,临界波数随着上、下液层 Pr 比值的增大而增大,然而,临界相速度则随着上、下液层 Pr 比值的增大而减小。选择上、下液层 Pr 比值较大的工质对,能够提高环形双液层系统的流动稳定性。对相同液层厚度、半径比、深径比的 B_2O_3/Al_2O_3 工质对,流体出现了流动分岔现象,并且出现了径向流动的三维稳态流动、靠近液池热壁处的"边沿波"。上、下液层 Pr 比值

约为 0.75 时，双液层流体的稳定性最差，此时易出现流动分岔现象。在其他上、下液层 *Pr* 比值处，液-液界面失稳流型发现了轮辐状的热流体波，以及第三种热流体波，即轮辐状的热流体波与热壁处同波数、共同旋转的流胞。研究结果扩展了中、高 *Pr* 数双液层流体的非平衡热力学理论，并有望为采用液封提拉法生长晶体选择液封流体提供借鉴。

第9章 结论与展望

本书对水平温度梯度作用下环形双液层系统热毛细对流与浮力-热毛细对流的稳定性进行了系统研究,分析了5cSt 硅油/HT-70、B_2O_3/蓝宝石熔体工质对上层流体对下层流体的抑制效果,确定了流动失稳的临界条件,揭示了失稳后界面温度波动形式,探索了流动失稳的物理本质。

9.1 主要结论

①建立了水平温度梯度作用下环形双层液体内热对流过程的物理和数学模型,采用有限容积法进行了二维数值模拟,获得了双层流体内的基本定态解。用线性稳定性分析方法对所求得的基本定态解作了稳定性分析。结果表明,当Marangoni 数较小时,流动为二维稳态流动。随着 Marangoni 数的增加,二维稳态流动会经历流动分岔过程,分岔时界面温度波动形式有 3 种:热流体波、热流体波,以及三维稳态流动。

②对微重力条件下的环形池上固壁的双液层热毛细对流、环形池上自由表面的双液层热毛细对流、浮力-热毛细对流进行了二维数值模拟和线性稳定性分析。结果表明,界面温度波动形式有两种:三维稳态流动和靠近热壁处的热流体波。上固壁可以大大增强双液层流动的稳定性,尤其在微重力条件下,上部为固壁比上部为自由表面的临界 Marangoni 数大约一个数量级。对上部为自由表面的环形双液层系统,浮力增强了系统的热对流稳定性。

③流动分岔与下液层厚度与双液层总厚度比 ε 有关,在 $\Gamma=0.2$、$\varepsilon=0.5$ 和 $\eta=0.1$ 条件下,5cSt 硅油/HT-70 只出现了一种流动失稳现象,其界面温度波动形式为第一类热流体波;而 B_2O_3/蓝宝石熔体则出现了两种流动失稳现象,其出现在近热壁处的热流体波。这是由于在 B_2O_3/蓝宝石熔体系统中,蓝宝石熔体的 Pr 数较大,熔体的黏度大,此自由表面和液-液界面附近不断地有热流体被带到热壁附近,在热壁侧流体滞留在外壁处,就引起了一个较大的温度梯度,这时热壁附近界面处的某种小扰动使得冷壁处回流速度增大,回流区域的温度将下降,热壁附近产生温度波动,在流体流动过程中,温度波动又会引起壁面附近的速度波动。

9.2　主要创新点

本书的主要创新点如下:

①把隐式重启动 Arnoldi 法引入液封 Czochralski 晶体生长过程,解决热毛细对流稳定性中的复广义特征值问题,判断扰动对流动稳定性的影响。

②对水平温度梯度作用下的环形双液层系统热对流进行线性稳定性分析,得到了各种条件下的边际稳定性曲线,确定了流动转变的临界 Marangoni 数、临界波数、临界相速度随各参数的变化规律,获取了失稳后的流动结构及特征参数,分析了环形双层液体的内外半径比、下液层厚度与液层总厚度比、深宽比及 Ma 数等对流动的影响,寻找达到最佳抑制效果的各种参数。

③计算与分析了 B_2O_3/蓝宝石熔体与 5cSt 硅油/HT-70 的上部为固壁与上部为自由表面条件时,常重力和微重力条件下,环形双液层系统热对流稳定性的差异,为实际工程生产晶体材料提供理论参考。

9.3 后续工作建议

目前,关于水平温度梯度作用下的环形双液层系统热对流的稳定性的研究较少,且其中大部分研究工作均是围绕数值模拟展开,相应的线性稳定性分析与实验研究非常有限,很多方面还需进一步完善。根据笔者认识,可以在以下方面做进一步的研究。

①对环形双液层系统,考虑对流过程中浓度的变化引起的溶质热毛细对流,进行溶质热毛细对流稳定性分析,获得临界参数与流型变化特征。

②对环形双液层系统,考虑外加磁场对流动稳定性的影响,线性稳定性分析临界参数与流型变化特征。

③考虑矩形腔与液桥等模型的双液层系统,进行热毛细对流线性稳定性分析,为相应的晶体生长过程提供理论指导。

附　录

流体的物性参数 1

流体种类	HT-70(1)	5cSt 硅油(2)
$\rho/(\text{kg} \cdot \text{m}^{-3})$	1 680	920
β/K^{-1}	1.1×10^{-3}	1.05×10^{-3}
$\mu/[\text{kg} \cdot (\text{m} \cdot \text{s})^{-1}]$	8.4×10^{-4}	4.6×10^{-3}
$\alpha/[\text{J} \cdot (\text{kg} \cdot \text{K}^{-1})]$	962	1 590
$\lambda/[\text{W} \cdot (\text{m} \cdot \text{K})^{-1}]$	0.07	0.117
$\gamma_{\text{T}}/[\text{N} \cdot (\text{m} \cdot \text{K})^{-1}]$	—	7.2×10^{-5}
$\gamma_{\text{T1-2}}/[\text{N} \cdot (\text{m} \cdot \text{K})^{-1}]$	7.3×10^{-5}	

流体的物性参数 2

流体种类	水(1)	0.65cSt 硅油(2)	1.0cSt 硅油(2)
$\rho/(10^3\text{kg} \cdot \text{m}^{-3})$	0.997	0.761	0.818
$\beta/(10^{-3}\text{K}^{-1})$	0.257	1.34	1.91
$\upsilon/(10^{-6}\text{m}^2 \cdot \text{s}^{-1})$	0.893	0.65	1.0

续表

流体种类	水(1)	0.65cSt 硅油(2)	1.0cSt 硅油(2)
$\alpha/[\text{J}\cdot(10^3\text{kg}\cdot\text{K})^{-1}]$	4.18	1.922	1.818
$\lambda/[10^{-1}\text{W}\cdot(\text{m}\cdot\text{K})^{-1}]$	6.09	1.004	1.548
$\gamma_\text{T}/[10^{-3}\text{N}\cdot(\text{m}\cdot\text{K})^{-1}]$	72.0	15.9	16.9
$\gamma_{\text{T1-2}}/[\text{N}\cdot(\text{m}\cdot\text{K})^{-1}]$	8.0×10^{-5}	—	

流体的物性参数 3

流体/物性参数	$\rho/(\text{kg}\cdot\text{m}^{-3})$	$\nu/(10^{-6}\text{m}^2\cdot\text{s}^{-1})$	$\lambda/[\text{J}\cdot(\text{ms}\cdot\text{K})^{-1}]$	$c_\text{p}/[\text{J}\cdot(\text{kg}\cdot\text{K})^{-1}]$	$\alpha/(10^{-3}\text{K}^{-1})$	$\gamma/[\text{N}\cdot(\text{m}\cdot\text{K})^{-1}]$	Pr
Silicon oil 5cSt	920	5	0.117	1 590	1.05		62.512
HT-70	1 680	0.5	0.07	962	1.1		11.54
Silicon oil 5cSt/HT-70	0.548	10	1.671	1.653	0.954	-7.3×10^{-5}	5.417
Water	997	0.893	0.609	4 180	0.257		6.111
Fc-75	1 760	0.945	0.063	1 046	1.4		27.397
Water/Fc-75	0.566	0.945	9.59	3.996	0.183	-4.7×10^{-5}	0.223
Silicon 0.6 5cSt	761	0.65	0.951	1922	1.34	1.59×10^{-4}	1.0
Silicon 0.6 5cSt/Water	0.763	0.728	1.562	0.460	5.214	8.0×10^{-5}	0.164
B_2O_3	1 648	2 366.5	2.0	13.48	0.09	3.9	26.29
Al_2O_3	3 030	18.8	2.05	1 260	0.005		35.03
B_2O_3/Al_2O_3	0.544	125.88	0.976	0.011	18	-0.407×10^{-3}	0.75

参考文献

［1］ WALTER H U. 空间流体科学与空间材料科学［M］.葛培文,译.北京:中国
科学技术出版社,1991.

［2］ 吴季. 空间科学概论［M］.北京:科学出版社,2020.

［3］ 胡文瑞, 徐硕昌. 微重力流体力学［M］. 北京:科学出版社, 1999.

［4］ 姚连. 晶体生长基础［M］. 合肥:中国科学技术大学出版社,1995.

［5］ RASENAT S, BUSSE F H, REHBERG I. A theoretical and experimental study
of double-layer convection［J］. J. Fluid Mech, 1989, 199:519-540.

［6］ RASENAT S, HARTUNG G. WINKLER B L, et al. The shadowgraph method
in convection experiments［J］. Exp. Fluids, 1989, 7(6):412-420.

［7］ CARDIN P, NATAF H C. Nonlinear dynamical coupling observed near the
threshold of convection in a two-layer system ［J］. Europhys. Lett. ,1991, 14
(7):655-660.

［8］ COLINET P, LEGROS J C. On the hopf bifurcation occurring in the two-layer
Rayleigh-Bénard convective instability ［J］. Phys. Fluids, 1994, 6(8):
2631-2639.

［9］ DEGEN M M, COLOVAS P W, ANDERECK C D. Time-dependent patterns in
the two-layer Rayleigh-Bénard system ［J］. Phys. Rev. E, 1998, 57(6):
6647-6659.

［10］ COLINET P, GÉORIS P, LEGROS J C, et al. Spatially quasiperiodic
convection and temporal chaos in two-layer thermocapillary instabilities［J］.

Phys. Rev. E, 1996, 54(1):514-524.

[11] ANDERECK C D, COLOVAS P W, DEGEN M M, et al. Instabilities in two layer Rayleigh-Benard convection: overview and outlook [J]. J. Eng. Sci., 1998, 36(12):1451-1470.

[12] TOKARUK W A, MOLTENO T C A, MORRIS S W. Benard-Marangoni convection in two-layered liquids[J]. Phys. Rev. Lett., 2000, 84(16): 3590-3593.

[13] JUEL A, BURGESS J M, MCCORMICK W D, et al. Surface tension-driven convection patterns in two liquid layers [J]. Phys D Nonlinear Phenom, 2000,143(1):169-186.

[14] LIU Q S, ZHOU B H, NGUYEN T H, et al. Instability of two-layer Rayleigh-Benard convection with interfacial thermocapillary effect [J]. Chin. Phys. Lett,2004, 21(4):686-688.

[15] NEPOMNYASHCHY A A, SIMANOVSKII I B. Influence of thermocapillary effect and interfacial heat release on convective oscillations in a two-layer system[J]. Phys. Fluids, 2004, 16(4): 1127-1139.

[16] ZHOU B H, LIU Q S, TANG Z M. Rayleigh-Marangoni-Benard instability in two-layer fluid system [J]. Acta Mech. Sinica-PRC, 2004, 20(4): 366-373.

[17] VILLERS D, PLATTEN J K. Thermal convection in superposed immiscible liquid layers[J]. Appl. Sci. Res., 1988, 45(2): 145-152.

[18] DOI T, KOSTER J N. Thermocapillary convection in two immiscible liquid layers with free surface[J]. Phys. Fluids A, 1993, 5(8): 1914-1927.

[19] MASRUGA S, PEREZ G C, LEBON G. Convective instabilities in two superposed horizontal liquid layers heated laterally [J]. Phys. Rev. E, 2003, 68(4): 041607.

[20] NEPOMNYASHCHY A A, SIMANOVSKII I B. Convective flows in a two-layer system with a temperature gradient along the interface [J]. Phys. Fluids, 2006, 18(3):032105.

[21] LI Y R, WANG S C, WU W Y, et al. Asymptotic solution of thermocapillary convection in thin annular two-layer system with upper free surface. [J]. Int. J. Heat Mass Transfer, 2009, 52(21/22): 4769-4777.

[22] LI Y R, ZHANG W J, WANG S C. Two-dimensional numerical simulation of thermocapillary convection in annular two-layer system[J]. Microgravity Sci. Tec,2008, 20(3-4), 313-317.

[23] LI Y R, ZHANG W J, PENG L. Thermal convection in an annular two-layer system under combined action of buoyancy and thermocapillary forces [J]. J. Supercond. Nov. Magn., 2010, 23(6): 1219-1223.

[24] HURLE D T J. Handbook of crystal growth [M]. Oxford:Elsevier,1994.

[25] HURLE D T J. Thermo-hydrodynamic oscillation in liquid metals: the Cause of impurities striations in melt-grown crystals[J]. Phys. Chem. Solids, 1967, 1(5):659-669.

[26] BENARD H. Les tourbillons cellulaires dans une nappe liquid transportant de la chaleur par convection enrégime permanent [M]. Paris: Gauthier-Villars,1901.

[27] RAYLEIGH L. On the convective current in a horizontal layer of fluid when the higher temperature is on the under side[J]. Phil. Mag, 1916,32(192): 529-546.

[28] BLOCK M J. Surface tension as the cause of Benard cells and surface deformation in a liquid film [J]. Nature, 1956(178):650-651.

[29] NIELD D A. Surface tension and buoyance effects in cellular convection [J]. J. Fluid Mech., 1964, 19(3):341-354.

［30］ SMITH K A. On convection instability induced by surface-tension gradients ［J］. J. Fluid Mech. , 1966, 24(2):401-414.

［31］ SCHWABE D, SCHARMANN A, PREISSER F, et al. Experiments on surface tension driven flow in floating zone melting［J］. J. Crystal Growth, 1978, 43(3):305-312.

［32］ CHUN C H, WUEST W. A micro-gravity simulation of the Marangoni convection ［J］. Acta Astronaut. , 1978,5(9):681-686.

［33］ SMITH M K, DAVIS S H. Instabilities of dynamic thermocapillary liquid layers［J］. J. Fluid Mech. , 1983(132):119-144.

［34］ SCHWABE D,SCHARMANN A. Microgravity experiments on the transition from laminar to oscillatory thermocapillary convection in floating zones ［J］. Adv. Space Res. , 1984, 4(5):43-47.

［35］ LIMBOURG M C, LEGROS J C, PETRE G. The influence of a surface tension minimum on the convective motion of a fluid in microgravity (D_1 mission results) ［J］. Adv. Space Res. , 1986. 6(5):35-39.

［36］康琦. Benard-Marangoni 对流的实验研究［D］. 北京:中国科学院力学研究所,1998.

［37］ SCHATZ M F, VANHOOK S J, MCCORMICK W D, et al. Time-independent square patterns in surface-tension-driven Benard convection ［J］. Phys. Fluids,1999,11(9):2577-2582.

［38］ SCHWABE D,MOLLER U,SCHNERDER J, et al. Instabilities of shallow dynamic thermocapillary liquid layers［J］. Phys. Fluids A, 1992, 4(11): 2368-2381.

［39］ SCHWABE D, BENZ S. Thermocapillary flow instabilities in an annulus under microgravity—results of the experiment ［J］. Magia. Adv. Space Rec. 2002, 29 (4):629-638.

［40］SCHWABE D, ZEBIB A, SIM B C. Oscillatory thermocapillary convection in open cylindrical annuli. Part 1. Experiments under microgravity［J］. J. Fluid Mech. ,2003(491):239-258.

［41］PENG L, LI Y R, SHI W Y . Three-dimensional thermocapillary-buoyancy flow of silicone oil in a differentially heated annular pool［J］. Int. J. Heat Mass Transf, 2007, 50(5/6):872-880.

［42］GARNIER N, CHIFFAUDEL A, Daviaud F. Hydrothermal waves in a disk of fluid［J］. Springer Tr. Mod. Phys. , 2006, 207(1):147-161.

［43］GARNIER N, CHIFFAUDEL A. Two dimensional hydrothermal waves in an extended cylindrical vessel［J］. The European Phys. J. B. ,2001,19(1): 87-95.

［44］YAMAGISHI H, FUSEGAWA I. Experimental observation of a surface pattern on a Czochralski Silicon Melt［J］. J. Jpn. Assoc. Crystal Growth, 1990, 17 (3):304-311.

［45］NAKAMURA S, EGUCHI M, AZAMI T, et al. Thermal wavws of a nonaxisymmetric Flow in a Czochralski-type silicon Melt［J］. J. Crystal Growth, 1999, 207(1/2):55-61.

［46］SEN A K, DAVIS S H. Steady thermocapillary flows in two-dimensional slots ［J］. J. Fluid Mech. anics, 1982(121):163-180.

［47］XU J J, DAVIS S H. Liquid bridges with thermocapillarity［J］. Phys. Fluids, 1983, 26(10):2880-2886.

［48］NEITZEL G P, LAW C C, JANKOWSHY D F, et al. Energy stability of thermocapillary convection in a model of the float-zone crystal-growth process. Ⅱ: Nonaxisymmetric disturbances［J］. Phys. Fluid A, 1991,3 (12): 2841-2846.

［49］LI M W, ZENG D L. The effect of liquid encapsulation on the Marangoni convection in a liquid column under microgravity conditon[J]. Int. J. Heat and Mass Transf, 1996, 39(17):3725-3732.

[50] 唐泽眉,胡文瑞. 半浮区热毛细对流的不稳定性与转捩[J]. 力学进展. 1999, 29(4):461-470.

[51] GARNIER N, NORMAND C. Effect of curvature on hydrothermal waves instability of radial thermocapillary flows [J]. C R Acad Paris, t. 2, Seried IV Phys, 2001, 2(8): 1227-1233.

[52] ALBENSOEDER S, KUHLMANN H C. Linear stability of rectangular cavity flows driven by anti-parallel motion of two facing walls[J]. J. Fluid Mech., 2002(458):153-180.

[53] SHI W Y, ERMAKOV M K, IMAISHI N. Effect of pool rotation on thermocapillary convection in shallow annular pool of silicone oil[J]. J. Crystl Growth, 2006,294(2):474-485.

[54] LIY R, ZHAO X X, WU S Y, et al. Asymptotic solution of thermocapillary convection in a thin annular pool of silicon melt[J]. Phys. Fluids, 2008, 20 (8):082107.

[55] ZEBIB A, HOMSY G M, MEIBURG E. High Marangoni number convection in a square cavity[J]. Phys. Fluids,1985,28(12):3467-3476.

[56] CARPENTER B M, HOMSY G M. High Marangoni number convection in a square cavity [J]. Phys. Fluids. A: Fluid Dynamics, 1990,2(2):137-149.

[57] RUPP R, MULLER G, NEUMANN G. Three-dimensional time dependent modelling of the Marangoni convection in zone melting configurations for GaAs [J]. J. Crystal Growth,1989,97(1):34-41

[58] KAZARINOFF N D, WILKOWSKI J S. Bifurcations of numerically simulated thermocapillary flows in axially symmetric float zones [J]. Phys. Fluids A: Fluid Dynamics , 1990,2(10): 1797-1807.

［59］PELTIER L J, BIRINGEN S J. Time-dependent thermocapillary convection in a Cartesian cavity: Numerical results for a moderate Prandtl number fluid ［J］. J. Fluid Mech. , 1993, 257(1): 339-357.

［60］LI Y R, PENG L, AKIYAMA Y, et al. Three-dimensional numerical simulation of thermocapillary flow of moderate Prandtl number fluid in an annular pool ［J］. J. Crystal Growth, 2003, 259(4): 374-387.

［61］LI Y R, IMAISHI N, PENG L, et al. Thermocapillary flow in a shallow molten Silicon pool with Czochralski configuration ［J］. J. Crystal Growth, 2004, 266(1-3): 88-95.

［62］LI Y R, IMAISHI N, AZAMI T, et al. Three-dimensional oscillatory flow in a thin annular pool of Silicon melt ［J］. J. Crystal Growth, 2004, 260(1/2): 28-42.

［63］SIM B C, ZEBIB A. Effect of free surface heat loss and rotation on transition to oscillatory thermocapillary convection ［J］. Phys Fluids, 2001, 14(1): 225-231.

［64］SIM B C, ZEBIB A. Thermocapillary convection with undeformable curved surfaces in open cylinders ［J］. Int J Heat Mass Transf, 2002, 45(25): 4983-4994.

［65］SIM B C, KIM W S, ZEBIB A. Axisymmetric thermocapillary convection in open cylindrical annuli with deforming interfaces ［J］. Int J Heat Mass Transf, 2004, 47(24): 5365-5373.

［66］SIM B C, ZEBIB A. Thermocapillary convection in cylindrical liquid bridges and annuli ［J］. Comptes Rendus Mecanique, 2004, 332(5/6): 473-486.

［67］SHI W Y, IMAISHI N. Hydrothermal waves in differentially heated shallow annular pools of silicone oil ［J］. J Cryst Growth, 2006, 290(1): 280-291.

［68］SHI W Y, ERMAKOV M K, IMAISHI N. Effect of pool rotation on thermocapillary convection in shallow annular pool of silicone oil [J]. J Cryst Growth,2006, 294(2): 474-485.

[69] LI Y R, XIAO L, WU S Y. Effect of pool rotation on flow pattern transition of silicon melt thermocapillary flow in a slowly rotating shallow annular pool [J]. Int J Heat Mass Transf, 2008, 51(7/8): 1810-1817.

[70] LI M W, LI Y R,IMAISHI N, et al. Global simulation of a silicon Czochralski furnace [J]. J Cryst Growth, 2002, 234(1):32-46.

[71] 周炳红,刘秋生,胡良,等.两层流体热毛细对流空间实验研究 [J].中国科学 E 辑:技术科学, 1997, 32(3): 49-54.

[72] LIU Q S, ZHOU B H,HU L, et al. Space experiments of convection in a system of two immiscible liquid layers[J]. ESA SP, 2000:117-124.

[73] SOMEYA S, MUNAKATA T, NISHIO M. Flow observation in two immiscible liquid layers subject to a horizontal temperature gradient[J]. J Cryst Growth, 2002, 235(1-4):626-632.

[74] SIMANOVSKII I B, GEORIS P, NEPOMNYASHCHY A, et al. Oscillatory instability in multilayer systems [J]. Phys Fluids, 2003, 15 (12): 3867-3870.

[75] LIU Q S, HU W R. Theoretical investigations of convective flow in multi-layer fluids for the SJ-5 space fluid experiment mission. 49th Int Astronantical congress[C]. IAF-98-J 408. Helbournl,1998.

[76] NEPOMNYASHCHY A A, SIMANOVSKII I B. Combined action of anticonvective and thermocapillary mechanisms of instability [J]. Phys Fluids, 2002, 14(11): 3855-3867.

[77] MADRUGA S, PEREZ G C, LEBON G. Instabilities in two-liquid layers subject to a horizontal temperature gradient [J]. Theor. Comput. Fluid Dynamics, 2004,18(2-4): 277-284.

［78］ LIU Q S, ZHOU B H, LIU R, et al. Osicillatory instabilities of two-layer Rayleigh-Marangni-Benard convection［J］. Acta Astronautica, 2006, 59 (1-5):40-55.

［79］ GUO W D, NARAYANAN R. Onset of Rayleigh-Marangoni convection in a cylindrical annulus heated from below［J］. J Colloid Interface Sci, 2007, 314 (2): 727-732.

［80］ MCFADDEN G B, CORIELL S R, GURSKI K F, et al. Convective Instabilities in Two Liquid Layers［J］. J. Natl. Inst. Stan., 2007 (112): 271-281.

［81］ LIU R, LIU Q S, ZHAO S C. Influence of Rayleigh effect combined with Marangoni effect on the onset of convection in a liquid layer overlying a porous layer［J］. Int. J. Heat and Mass Transfer, 2008, 51 (25-26): 6328-6331.

［82］ GEORIS P, HENNENBERG M. Thermocapillary convection in a multilayer system［J］. Phys Fluids A Huid Dyn, 1993, 5(7): 1575-1582.

［83］ LI Y R, WANG S C, WU S Y, et al. Asymptotic solution of thermocapillary convection in two immiscible liquid layers in a shallow annular cavity［J］. Sci China Technol Sci, 2010, 53(6): 1655-1665.

［84］ KUHLMANN H C, SCHOISSWOHL U. Flow instabilities in thermocapillary-buoyant liquid pools［J］. J. Fluid Mech., 2010(644):509-535.

［85］ DOUMENC F, BOECH T, GUERRIER B, et al. Transient Rayleigh-Bénard-Matangoni convection due to evaporation: a linear non-normal stability analysis［J］. J. Fluid Mech., 2010, 648: 521-539.

［86］ NEPOMNYASHCHY A, SIMANOVSKII I B. The influence of the gravity force on longwave Marangoni patterns in two-layer films［J］. Microgravity Sci Technol., 2011, 23(1):S1-S7.

[87] LIU Q S, CHEN G, ROUX B. Thermogravitational and thermocapillary convection in a cavity containing two superposed immiscible liquid layers [J]. Int J Heat Mass Transf, 1993, 36(1):101-117.

[88] WANG P, KAHAWITA R. NGUYEN D L. Numerical simulation of Buoyancy-Marangoni convection in two superposed immiscible liquid layers with a free surface[J]. Int J Heat Mass Transf, 1994,37(7): 1111-1122.

[89] BOECK T, NEPOMNYASHCHY A A, SIMANOVSKII I B, et al. Three-dimensional convection in a two-layer system with anomalous thermocapillary effect [J]. Phys. Fluids, 2002, 14(11): 3899-3911.

[90] TAVENER S J, CLIFFE K A. Two-fluid Marangoni-Benard convection with a deformable interface[J]. J Comput Phys, 2002, 182(1): 277-300.

[91] NEPOMNYASHCHY A A, SIMANOVSKII I B. Influence of buoyancy on thermocapillary oscillations in a two-layer system [J]. Phys. Rev. Estat Nonlin Soft Matter Phys, 2003, 68(2), 026301:1-8.

[92] NEPOMNYASHCHY A A, SIMANOVSKII I B. Convective flows in a two-layer system with a temperature gradient along the interface [J]. Phys Fluids, 2006, 18(3), 032105.

[93] GUPTA N R, HOSSEIN H, BORHAN A. Thermocapillary flow in double-layer fluid structures: An effective single-layer model[J]. J Colloid Interface Sci, 2006, 293(1):158-171.

[94] GUPTA N R, HOSSEIN H, BORHAN A. Thermocapillary convection in double-layer fluid structures within a two-dimensional open cavity [J]. J. Colloid Interface Sci, 2007, 315(1): 237-247.

[95] SIMANOVSKII I B, VIWIANI A, DUBOIS F, et al. Nonlinear convective flows in a laterally heated two-layer system with a temperature-dependent heat release/consumption at the interface [J]. Microgravity Sci. Tec., 2018,30

（3）:243-256.

［96］ NEPOMNYASHCHY A, SIMANOVSKII I B. The influence of two-dimensional temperature modulation on nonlinear Marangoni waves in two-layer films［J］. J Fluid Mech, 2018（846）:944-965.

［97］ LUDOVISI D, CHA S S, RAMACHANDRAN N, et al. Effect of magnetic field on two-layered natural/thermocapillary convection ［J］. Int Commun Heat Mass Transfer, 2007, 34（5）:523-533.

［98］ CHA S S, RAMACHANDRAN N, WOREK W M. Heat transfer of thermocapillary convection in a two-layered fluid system under the influence of magnetic field［J］. Acta Astronaut. 2009, 64（11/12）:1066-1079.

［99］ LIU Q S, ZHOU J Y, WANG A, et al. Thermovibrational instability of Rayleigh-Marangoni-Benard convection in two-layer fluid systems［J］. Adv Space Res, 2008, 41（12）: 2131-2136.

［100］ ZEN KOVSKAYA S M, NOVOSYADLYI V A. Effect of vertical vibrations on a two-layer system with a deformable interface［J］. Comput Math and Math Phys, 2008, 48（9）:1669-1679.

［101］ ZEN'KOVSKAYA S M, NOVOSYADLYI V A. The effect of a high-frequency progressive vibration on the convective instability of a two-layer fluid［J］. J Appl Math Mech, 2009, 73（3）:271-280.

［102］ GEORIS P, HENNENBERG M, SIMANOVSKII I B, et al. Thermocapillary convection in a multilayer system ［J］. Phys. Fluids A, 1993, 5（7）: 1575-1582.

［103］ GEORIS P, HENNENBERG M, LEBON G. Investigation of thermocapillary convection in a three-liquid-layer system［J］. J. Fluid Mech. , 1999（389）: 209-228.

［104］ NEPOMNYASHCHY A A, SIMANOVSKII I B, BOECK T, et al.

Convective instabilities in layered systems [M]//Interfacial Fluid Dynamics and Transport Processes. Heidelbery：Springer Berlin Heidelberg, 2003 (628):21-44.

[105] SIMANOVSKII I B, GEORIS P, NEPOMNYASHCHY A A, et al. Nonlinear Marangoni oscillations in multilayer systems [J]. Microgravity Sci. Tec. , 2004, 15(2):25-34.

[106] SHEVTSOVA V, SIMANOVSKII I B, NEPOMNYASHCHY A A, et al. Thermocapillary convection in a three-layer system with the temperature gradient directed along the interfaces[J]. Comptes. Rendus. Mécanique, 2005, 333(4):311-318.

[107] SIMANOVSKII I B. Thermocapillary flows in a three-layer system with a temperature gradient along the interfaces [J]. Eur J Mech B/Fluids, 2007, 26(3):422-430.

[108] SIMANOVSKII I B. Nonlinear buoyant-thermocapillary flows in a three-layer system with a temperature gradient along the interfaces [J]. Phys Fluids, 2007, 19(8): 082106.

[109] SIMANOVSKII I B, VIVIANI A, LEGROS J C. Nonlinear convective flows in multilayer fluid system [J]. Eur J Mech B/Fluids, 2008, 27 (5): 632-641.

[110] SIMANOVSKII I B, VIVIANI A, DUBOIS F, et al. Symmetric and asymmetric convective oscillations in a multilayer system[J]. Microgravity Sci Techhol, 2010, 22(3):257-263.

[111] DEMINA S E, BYSTROVA E N, POSTOLOV V S, et al. Use of numerical simulation for growing high-quality sapphire crystals by the Kyropoulos method [J]. J Cryst Growth,2008,310(7-10): 1443-1447.

[112] 范志刚,刘建军,肖昊苏,等. 蓝宝石单晶的生长技术及应用研究进展

［J］. 硅酸盐学报,2011,39(5):880-891.

［113］ AKSELROD M S, SYKORA G J. Fluorescent nuclear track detector technology—a new way to do passive solid state dosimetry ［J］. Radiat Meas,2011,46(12): 1671-1679.

［114］ WANF C C,MCFARLANEIII S. Epitaxial growth and characterization of GaP on insulating substrates ［J］. J Cryst Growth, 1972(13-14):262-267.

［115］ CZOCHRALSHI J. Ein neues verfahren zurmessing der kristallisationsgeschw indigkeit der metalle［J］. Z. Phys. Chem. , 1918,92(1):219-221.

［116］ KYROPOULOS S. Method of crystal formation especially for ionic crystals ［J］. Z. Anorgallg. Chem. , 1926(154):308.

［117］ DUPRET F, ROLINSKY R. Numerical Simulation of Bulk Crystal Growth for Industrial Applications［C］. 17th International Conference on Crystal Growth and Epitaxy - ICCGE-17 ,2013.

［118］ KHATTAK C P, SCHMID F. Growth of the world's largest sapphire crystals ［J］. J Crystal Growth ,2001,225(2/4):572-579.

［119］ AKSELROD M S, FRANK F B. Modern trends in crystal growth and new applications of sapphire ［J］. J Cryst Growth. ,2012(360):134-145.

［120］李留臣,冯金生. 我国蓝宝石晶体生长技术的现状与发展趋势 ［J］,人工晶体学报,2012,41(S1):221-226.

［121］凌芳. 开口圆形液池内热毛细对流及其失稳机理分析[D]. 重庆:重庆大学,2007.

［122］张文杰. 环形双层液体内热对流过程的二维数值模拟[D]. 重庆:重庆大学,2010.

［123］ CHANDRASEKHAR S. Hydrodynamic and hydromagnetic stability［M］. London ：Clarendon Press, 1961.

［124］蔡燧林,盛骤. 常微分方程组与稳定性理论[M].北京:高等教育出版

社,1988.

[125] PRAZM P G,REID W H. 流体动力稳定性[M]. 顾德炜,译. 北京:宇航出版社,1990.

[126] 曾丹苓. 工程非平衡热动力学[M]. 北京:科学出版社,1991.

[127] PATANKAR S V. 传热与流体流动的数值计算[M]. 张政,译. 北京:科学出版社,1984.

[128] 陶文铨. 数值传热学[M]. 西安:西安交通大学出版社,1988.

[129] 斯图尔特. 矩阵计算引论[M]. 上海:上海科学技术出版社,1980.

[130] 曹志浩. 矩阵特征值问题[M]. 上海:上海科学技术出版社,1980.

[131] ERMAKOV M K,ERMAKOVA M S. Linear-stability analysis of thermocapillary convection in liquid bridges with highly deformed free surface[J]. J Cryst Growth, 2004, 266(1-3):160-166.

[132] 石万元,李友荣,ERMAKOV M K, 等. 环形液层内热毛细对流的线性稳定性分析[J]. 工程热物理学报,2008,29(7): 1218-1220.

[133] GELFGAT A Y, BAR-YOSEPH P Z, YARIN A L. Stability of multiple steady states of convection in laterally heated cavities [J]. J. Fluid Mech, 1999(388):315-334.

[134] GELFGAT A Y, BAR Y P Z, SOLAN A. Axisymmetry breaking instabilities of natural convection in a vertical bridgman growth configuration[J]. J Cryst Growth, 2000, 220(3):316-325.

[135] LEHOUCQ R B. Implicitly Restarted Arnoldi Methods and Subspace Iteration [J]. SIAM J. Matrix. Anal. A., 2001, 23(2): 551-562.

[136] LEHOUCQ R B. SORENSEN D C, VU P A, et al. ARPACK:Fortran subroutines for solving large scale engenvalue problems[R]. Release 2.1.

[137] 陈贤琴,石万元,李翰明. 环形池内反常热毛细对流及稳定性线性稳定性分析[J]. 工程热物理学报,2017,38(6):1274-1282.

［138］ HOYAS S, HERRERO H, MANCHO A M. Bifurcation diversity of dynamic thermocapillary liquid layers［J］. Phys. Rev. E , 2002,66(5):057301-1-4.

［139］ GELFGAT A Y, RUBINOV A, BARY P Z, et al. Numerical study of three-dimensional instabilities in a hydrodynamic model of Czochralski growth［J］. J Crystal Growth, 2005,275(1-2):e7-e13.

［140］ 石万元,李友荣,彭岚. Pr 数对环形浅液池热毛细对流的影响［J］.工程热物理学报,2011,32(2):250-254.

［141］ MO D M, LI Y R, SHI W Y. Linear-stability analysis of thermocapillary flow in an annular two-layer system with upper rigid wall［J］. Microgravity Sci. Tec., 2011,23 (1), 43-48.

［142］ MO D M, RUAN D F. Linear-stability analysis of thermocapillary convection in an annular two-layer system with free surface subjected to a radial temperature gradient［J］. J Mech Sci Technol,2019, 31(3), 293-304.

［143］ MO D M, RUAN D F. Linear-stability analysis of thermocapillary-buoyancy convection in an annular two-layer system with upper rigid wall subjected to a radial temperature gradient ［J］. Microgravity Sci Technol. ,2019, 31(3): 293-304.

［144］ 莫东鸣. 环形双层液池内热毛细对流的线性稳定性分析［D］.重庆:重庆大学,2012.

［145］ 莫东鸣. 液层厚度比对环形腔内双层液体的热毛细对流稳定性的影响［J］.热科学与技术,2015,14(3), 214-220.

［146］ 陈绵伟. 旋转环形液池内反常热毛细对流及不稳定性研究［D］. 重庆:重庆大学, 2019.